本书系教育部人文社科研究规划基金项目（17YJZH105）的最终成果

长江经济带绿色发展的水环境制约与管理对策研究

杨俊　著

图书在版编目(CIP)数据

长江经济带绿色发展的水环境制约与管理对策研究/杨俊著.—武汉：武汉大学出版社,2022.11
ISBN 978-7-307-22946-4

Ⅰ.长… Ⅱ.杨… Ⅲ.长江经济带—水环境—环境管理—研究 Ⅳ.X143

中国版本图书馆 CIP 数据核字(2022)第 173669 号

责任编辑：宋丽娜　　责任校对：李孟潇　　版式设计：马　佳

出版发行：**武汉大学出版社**　（430072　武昌　珞珈山）
（电子邮箱：cbs22@whu.edu.cn　网址：www.wdp.com.cn）
印刷：武汉中科兴业印务有限公司
开本：720×1000　1/16　印张：14　字数：232 千字　插页：1
版次：2022 年 11 月第 1 版　　2022 年 11 月第 1 次印刷
ISBN 978-7-307-22946-4　　定价：58.00 元

版权所有，不得翻印；凡购我社的图书，如有质量问题，请与当地图书销售部门联系调换。

目　　录

第一章　研究背景与理论基础 ………………………………………… 1

 第一节　研究背景 ……………………………………………………… 1

  一、生态文明建设背景下的经济高质量发展 ……………………… 1

  二、长江经济带"生态优先、绿色发展"战略 …………………… 3

  三、水环境对长江经济带绿色发展的影响 ………………………… 4

 第二节　相关理论基础 ………………………………………………… 5

  一、生态文明建设相关核心概念 …………………………………… 5

  二、绿色发展概念的辨析与界定 …………………………………… 9

  三、经济绿色发展模式及评析 ……………………………………… 13

  四、绿色发展理念下水环境相关概念 ……………………………… 18

 第三节　研究思路与技术路线 ………………………………………… 21

  一、研究前提 ………………………………………………………… 21

  二、研究思路 ………………………………………………………… 25

  三、研究方法 ………………………………………………………… 26

  四、技术路线 ………………………………………………………… 27

第二章　国内外经济绿色发展的模式与经验 ………………………… 29

 第一节　国外经济绿色发展模式 ……………………………………… 29

  一、欧盟经济绿色发展模式 ………………………………………… 29

  二、英国经济绿色发展模式 ………………………………………… 33

三、美国经济绿色发展研究 ……………………………………………… 37
四、日本经济绿色发展研究 ……………………………………………… 41
第二节 国内经济绿色发展模式 ……………………………………………… 46
一、高速发展背景下经济的绿色发展 …………………………………… 46
二、科学发展观背景下经济的绿色发展 ………………………………… 48
三、生态文明建设背景下经济的绿色发展 ……………………………… 50

第三章 长江经济带绿色发展水平及潜力分析 …………………………… 53
第一节 绿色发展指数和发展潜力 …………………………………………… 53
一、绿色发展指数 ………………………………………………………… 53
二、绿色发展潜力 ………………………………………………………… 60
第二节 数据与方法 …………………………………………………………… 63
一、指标体系的构建 ……………………………………………………… 63
二、数据来源 ……………………………………………………………… 69
三、研究方法 ……………………………………………………………… 71
第三节 长江经济带绿色发展水平比较分析 ………………………………… 73
一、长江经济带绿色发展指数三级指标分析 …………………………… 73
二、各省经济绿色发展评价 ……………………………………………… 78
三、总体绿色发展指数省域比较 ………………………………………… 82
第四节 长江经济带绿色发展潜力比较分析 ………………………………… 85
一、三级指标分析 ………………………………………………………… 85
二、二级指标分析 ………………………………………………………… 90
三、绿色发展潜力 ………………………………………………………… 93

第四章 长江经济带绿色发展与水环境安全 ……………………………… 96
第一节 长江经济带水环境状况 ……………………………………………… 96
一、长江经济带的区域范围 ……………………………………………… 96
二、长江经济带各省市的水环境质量分析 ……………………………… 96

第二节　数据与方法 ………………………………………………… 99
　一、基于 PSR 模型构建指标评价体系 …………………………… 99
　二、数据来源 ……………………………………………………… 103
　三、基于突变理论构建省域尺度水环境安全评价突变模型 …… 104
　四、水环境安全分级标准 ………………………………………… 110
第三节　长江经济带省域尺度水环境安全综合评价 ……………… 111
　一、水环境安全评价结果 ………………………………………… 111
　二、水环境安全主要风险因子识别 ……………………………… 112

第五章　长江经济带绿色发展与水资源承载力 ……………………… 114
　第一节　长江经济带水资源概况 …………………………………… 114
　第二节　数据与方法 ………………………………………………… 118
　　一、水资源承载力评价方法选择 ………………………………… 118
　　二、长江经济带沿线省市水资源承载力估算模型 ……………… 120
　　三、水资源承载力等级评价模型 ………………………………… 124
　第三节　长江经济带水资源承载力评价 …………………………… 127
　　一、长江经济带水资源承载力评价结果分析 …………………… 127
　　二、长江经济带水资源承载力差异分析 ………………………… 128

第六章　长江经济带绿色发展与水资源利用 ………………………… 135
　第一节　长江经济带水资源利用效率概况 ………………………… 135
　　一、长江经济带万元 GDP 耗水 ………………………………… 135
　　二、长江经济带工农业 GDP 耗水 ……………………………… 135
　第二节　水资源利用效率的度量 …………………………………… 138
　　一、单项指标衡量 ………………………………………………… 138
　　二、综合利用效率度量 …………………………………………… 139
　第三节　数据与方法 ………………………………………………… 143
　　一、指标选取与数据来源 ………………………………………… 143

二、研究方法 ··· 145

第四节 长江经济带水资源利用效率的省际比较 ······················ 146

一、第一产业水资源利用效率 ·· 147

二、第二产业水资源利用效率 ·· 151

三、第三产业水资源利用效率 ·· 155

四、综合水资源利用效率 ··· 159

第七章 长江经济带绿色发展与水环境管理 ······························ 166

第一节 长江经济带水环境保护政策概况 ································ 166

一、现行的相关法律法规体系 ·· 166

二、长江经济带水环境政策评估 ··· 166

三、环境政策评估相关理论分析 ··· 173

第二节 数据与方法 ··· 184

一、指标体系构建 ·· 184

二、数据来源 ·· 188

三、评价结果 ·· 188

第三节 长江经济带的水环境保护政策实施效果分析 ··············· 189

一、压力层——污染排放强度 ·· 189

二、状态层——水质改善效益 ·· 190

三、响应层——资源利用和污染减排效率 ··························· 191

四、综合评价结果 ·· 191

第八章 研究结论与对策建议 ··· 193

第一节 研究结论 ·· 193

一、长江经济带整体水环境安全风险度较高 ························ 193

二、长江经济带部分地区水资源承载力趋于上限 ·················· 194

三、长江经济带水资源的整体利用效率偏低 ························ 194

第二节 对策建议 ·· 195

一、完善法律法规体系，建立水环境评价机制 …………………… 195
　　二、调整产业结构、优化产业经济布局 ……………………………… 196
　　三、增强技术创新驱动，加大水环境保护宣传 …………………… 196
　第三节　后续研究展望 ……………………………………………………… 197
　　一、中国绿色发展评估政府管理体制构建研究 …………………… 197
　　二、经济绿色发展政策效应评估与优化研究 ……………………… 198
　　三、中国"2010—2025"三个五年时期经济绿色发展纵向比较研究 …… 198

参考文献 …………………………………………………………………… 199

第一章 研究背景与理论基础

第一节 研究背景

一、生态文明建设背景下的经济高质量发展

2008年10月，联合国环境规划署指出，经济增长的原动力是经济绿色化，倡导各国要努力实现经济的绿色发展，并提出通过颁布绿色发展新政策来应对国际金融危机和可持续发展面临的各种挑战。2010年11月22日，北京向世界发出以"改写人类生存发展危机，实现全球经济绿色发展"为使命的宣言。宣言表明，由于全球各国资源的日趋枯竭和环境的日益恶化，全球经济正面临着前所未有的考验：全球气候变暖导致自然灾害频发，资源枯竭使得以资源为主要支撑的经济体正面临发展载体的转换和发展路径的重新选择，环境恶化导致人类健康也遭受威胁。当资源消耗和环境恶化趋向地球可承载的边缘时，世界各国对经济发展空间的争夺进而会愈加激烈。环境与经济和社会的发展联系紧密，环境变化影响到了人类的生活，维护人类发展与环境安全是人类共同的责任。

经济与环境的关系研究是一个复杂的、棘手的问题，其研究随着社会经济发展需要和生态环境治理能力的变化而不断深入。该研究最早可追溯至英国经济学家博尔丁（Boulding，1966）[①]。此后，博尔丁（Boulding，1988）、皮尔斯（Pearce，1993）、诺伽德（Norgaad，1996）等进一步强调经济发展与环境保护协调是一个覆盖要素多、综合作用强的复杂过程，主张在社会经济发展与生态环境系统之间搭

---

① Kenneth E Boulding, Henry Jarrett. Environmental Quality in a Growing Economy: Essays from the Sixth RFF Forum[M]. Washington: Johns Hopkins Press, 1966.

建反馈循环，以实现协调发展①②。面对当今世界普遍存在的资源与环境问题，我国提出了生态文明建设的发展理念，并得到了联合国的积极响应，生态文明建设也逐渐成为当今世界各国广泛响应并追求的发展目标，更是我们党和政府现阶段推动我国经济健康发展的自觉实践。党的十七大报告中提出："要建设生态文明，基本形成节约能源资源和保护生态环境的产业结构、增长方式、消费模式"。2012年11月，党的十八大又将生态文明建设提到战略高度，写入了国家五年规划。党的十九大更是提出要加大生态文明体制改革，建设美丽中国，努力实现人与自然和谐相处的发展模式。习近平同志结合新的实践需要，对推进生态文明建设提出了更加丰富、更加系统、更加明确的指导思想和总体要求，深刻回答了生态文明建设的若干重大理论和实践问题，其中至关重要的一条就是正确处理经济发展与环境保护的关系，要通过加快构建生态文明体系使我国经济发展质量和效益显著提升。建设生态文明是中华民族永续发展的千年大计，生态环境保护的成败，归根结底取决于经济结构和经济发展方式③。

党的十九大对我国经济发展阶段做出了重要判断，"我国经济已经由高速增长阶段转向高质量发展阶段，正处在转变发展方式、优化经济结构、转换增长动力的攻关期"，这说明我国经济增长已经从追求速度向追求质量转变，经济增长的质量更为重要④。经济高质量发展是个新概念，2017年《人民日报》社论指出："（经济）高质量发展，就是能够很好满足人民日益增长的美好生活需要的发展，是体现新发展理念的发展，是创新成为第一动力、协调成为内生特点、绿色成为普遍形态、开放成为必由之路、共享成为根本目的的发展。"⑤它是中国改革开放以来经济高速增长的升级版，是遵循经济发展规律和全面建设社会主义现代化国家的客观需要，也是我国进一步明确发展思路、制定经济政策、实施宏观调控、

---

① William J, Wallace E. The Theory of Environmental Policy 1988 [M]. Cambridge：Cambridge University Press，1988.

② Norgaard Richard B. Economic Indicators of Resource Scarcity：A Critical Essay[J]. Journal of Environmental Economics and Management，1990，19(1).

③ 任希珍. 生态优先绿色发展为导向的高质量发展研究[J]. 中国产经，2021(7)：135-136.

④ 孙秋鹏. 经济高质量发展对环境保护和生态文明建设的推动作用[J]. 当代经济管理，2019，41(11)：9-14.

⑤ 牢牢把握高质量发展这个根本要求[N]. 人民日报，2017-12-21.

建设生态文明社会的根本要求。生态保护和经济发展是辩证统一的，生态文明建设和经济高质量发展之间存在良性的互动关系。经济高质量发展是环境保护、生态文明建设的重要保障，只有经济发展方式向高质量方式转变才能够促进环境保护、生态文明建设，环境和生态改善也能够对经济高质量发展起到促进作用。牢固树立"绿水青山就是金山银山"的理念，在生态文明建设的背景下实现经济的高质量发展，是提高人民生活质量、增强人民幸福感、建设美丽中国、进入生态文明新时代的根本途径。

二、长江经济带"生态优先、绿色发展"战略

长江经济带横跨我国东、中、西部，流域面积200多万平方公里，占我国国土面积超过20%。作为全国国土开发的一级轴线，长江经济带具有显著的区位优势、航运优势和相对完善的产业体系，人口和经济总量超过了全国人口和经济总量的40%①，是一个庞大的经济体。长江经济带的发展在我国区域发展格局中占有重要地位，2014年国务院发布的《国务院关于依托黄金水道推动长江经济带发展的指导意见》指出，长江经济带发展有利于保护长江生态环境，引领全国生态文明建设，对于全面建成小康社会、实现中华民族伟大复兴的中国梦具有重要现实意义和深远战略意义。

改革开放以来，长江经济带经济飞速发展，与此同时，也造成了很多资源环境问题。改革开放初期主要以生态环境换取发展的方式为主，这导致发展的"性价比"很低，GDP优先的大开发模式遗留了较为严重的资源环境问题，先污染后治理的模式成了目前阻碍长江经济带经济和资源环境可持续发展的"黑历史"。当前，长江经济带水资源、水环境和水生态均面临不同程度的威胁，其经济社会的发展与资源开发和生态环境保护之间仍然存在着较为尖锐的矛盾。

2016年1月5日，习近平总书记在推动长江经济带发展座谈会上着重指出，推动长江经济带发展必须从中华民族长远利益考虑，走生态优先、绿色发展之路。高效地开发利用资源，保护长江经济带的生态环境，是区域经济实现可持续发展的内在要求，亦是建设和维护区域生态文明和生态安全的主体目标。这为长

---

① 樊杰，王亚飞，陈东，周成虎. 长江经济带国土空间开发结构解析[J]. 地理科学进展，2015，34(11)：1336-1344.

江经济带的发展定下了基调,"生态优先、绿色发展"成为长江经济带未来的重点发展战略。

三、水环境对长江经济带绿色发展的影响

水是生命之源,是生态的根基,也是发展的基本要素。目前,水资源短缺和水环境恶化已成为制约我国经济社会可持续发展的主要问题。以宁夏为例,当地水资源量多年平均11.63亿立方米,而可用量只有4.5亿立方米,人均水资源量只有176立方米,仅占全国人均值的1/12,即使加上国家分配给宁夏的40亿立方米过境黄河水,人均占有量仅627立方米,不到全国平均水平的1/3,是全国水资源最为匮乏的地区之一。而宁夏全区经济总体发展水平偏低,与全国平均水平差距显著。2016年宁夏回族自治区人均GDP仅相当于全国平均水平的87.4%。2017年宁夏自治区缺水达9.9亿立方米,2020年缺水将达到13亿立方米,水资源短缺已经成为制约宁夏经济社会发展的最大瓶颈。[①] 由于水资源地区分布不均,随着人口的增长、经济的发展和人民生活水平的提高,许多本就水资源供应紧张的地区,水资源供需矛盾更加突出,部分地区水资源承载力已满足不了当地经济社会发展的需要。日益严重的水资源短缺问题和水环境恶化问题制约着社会经济的发展。

长江经济带水资源固然总量丰富,但由于经济社会发展的需要,其水资源的消耗量也十分巨大[②]。党在十八届五中全会上第一次提出了绿色发展理念,推动长江经济带的绿色发展,处处都要涉及水资源的利用及水环境对于经济社会的制约问题。解决经济发展中的水资源问题,成为国民经济和社会持续健康发展的重要举措。长江经济带覆盖上海、江苏、浙江、湖北、湖南、重庆、四川、安徽、江西、贵州及云南9省2市,经济带的总人口和生产总值占比国家总量超过40%[③]。长江经济带与沿海经济带构成了我国中部地区及东部地区的经济发展之

---

① 徐新霞.2017年宁夏将缺水近10亿立方米,节水迫在眉睫[N].环球网,2016-5-28.
② 李焕,黄贤金,金雨泽,张鑫.长江经济带水资源人口承载力研究[J].经济地理,2017,37(1):181-186.
③ 汪克亮,刘悦,史利娟,刘蕾,孟祥瑞,杨宝臣.长江经济带工业绿色水资源效率的时空分异与影响因素——基于EBM-Tobit模型的两阶段分析[J].资源科学,2017,39(8):1522-1534.

黄金走廊。2014年，政府工作报告写入依托水道来建设经济带，显然政府已将建设长江经济带作为国家重大发展战略之一。2016年长江经济带发展座谈会上，习近平总书记指明了长江经济带建设的根本方向，即把长江经济带建设成为我国生态文明建设的先行示范带、创新驱动带和协调发展带①。2017年初，习近平总书记组织召开了长江沿线经济发展研讨会，会上提出了要保证长江水资源的优化利用，以推进沿线各产业结构达到最优化的资源调配②。这些举措均显示出国家对长江经济带及其水环境的重视程度。而长期以来，由于我国传统粗放型的经济资源开发模式，长江经济带的水资源短缺和水环境污染问题已十分严峻，水资源的技术开发效率及利用效率较低，浪费现象较为严重，长此以往必然会制约长江经济带经济的绿色发展。

因此，在对长江经济带绿色发展水平及潜力评估的基础上，研究分析长江经济带水环境的安全状况、水资源实地配置情况及其能够承载的社会经济水平、水资源利用效率水平和水环境管理政策的实施效果，对长江经济带在新时代背景下实现经济稳步增长和推动社会的绿色发展具有重要意义。

第二节 相关理论基础

一、生态文明建设相关核心概念

(一)生态文明

生态文明提出的背景是如何处理人与自然的关系。有学者认为著名生态学家叶谦吉是国内提出生态文明概念的第一人，叶谦吉认为生态文明就是人类既获利于自然，又还利于自然，在改造自然的同时又保护自然，人与自然之间保持和谐统一的关系③。还有学者根据文明是人类所创造的物质财富和精神财富的总和这

---

① 卢曦，许长新．长江经济带水资源利用的动态效率及绝对β收敛研究——基于三阶段DEA-Malmquist指数法[J]．长江流域资源与环境，2017，26(9)：1351-1358.

② 张玮，刘宇．长江经济带绿色水资源利用效率评价——基于EBM模型[J]．华东经济管理，2018，32(3)：67-73.

③ 刘思华．生态文明与可持续发展问题的再探讨[J]．东南学术，2002(6)：60-66.

一定义,指出生态文明就是指"人类所保护和创造的生态物质财富和生态精神财富的总和"①。国外也有很多学者对生态文明的内涵展开研究,Magdoff②指出,生态文明是人与自然、人与人之间和谐相处的文明,是生态和社会可持续发展的文明;Gare③认为,生态文明是一种全球性的文明形态,只能产生于工业文明背景下的世界秩序中,但是生态文明会超越并改变这种文明。

对于生态文明内含的定义主要可以从三个方面归纳。第一种观点认为,生态文明应是一种人与物的和谐共生及人与自然协调发展的文明,强调要以生态环境保护为前提来实现社会的可持续发展,树立的是人与自然平等的观念,李文华④等人就持这一观点。第二种观点赋予生态文明概念蕴含人与人关系的新内涵,认为人类在改造客观世界的实践中,人与人之间的关系会直接影响人类自身活动与改造自然界关系的进步程度,所以需要不断调整和优化人与自然及人与人之间的关系,易林、杨智明等人就持这一观点⑤。第三种观点认为,生态文明是人类经历了原始文明、农业文明、工业文明三个阶段之后,在对自身发展与自然关系深刻反思的基础上,即将进入的一个新的文明阶段。在这一阶段,生态意识、生态道德、生态文化成为具有广泛基础的文化意识,人们践行可持续性消费,使生态化渗入工业与农业、城市与乡村的各个方面,追求人与自然的良性循环,陈瑞清⑥、文传浩⑦等人就持这一观点。

综上所述,本书倾向对生态文明的第一种理解,认为生态文明就是在环境良好、资源永续和生态健康的基本要求下,以人为本,通过生态化方法、制度化手段实现科学的高质量发展。

(二)中国特色社会主义生态文明建设

我国是在整体经济和文化都还比较落后的基础上进行社会主义建设的,在过

---

① 谢高地.生态文明与中国生态文明建设[J].新视野,2013(5):25-28.
② Magdoff Fred. Harmony and Ecological Civilization: Beyond the Capitalist Alienation of Nature[J]. Monthly Review, 2012, 64(2): 1-9.
③ Arran Gare. Toward an Ecological Civilization[J]. Process Studies, 2010, 39(1): 5-38.
④ 李文华.生态文明与绿色经济[J].环境保护,2012(11):12-15.
⑤ 姬振海,主编.生态文明论[M].北京:人民出版社,2007.
⑥ 陈瑞清.建设社会主义生态文明,实现可持续发展[J].北方经济,2007(7):4-5.
⑦ 文传浩,铁燕.生态文明建设中几个理论问题的再认识[C].//第六届中国生态旅游发展论坛论文集,2009:206-214.

去的发展中片面地追求经济的发展而忽视了对生态环境和自然资源的保护,导致生态环境遭到了严重的破坏,制约了我国经济的高质量发展。在中国特色社会主义下推动生态文明建设,有利于满足人民群众日益增长的对美好生活的需要,推动经济社会转型、生产和生活方式的转变,早日实现中国特色社会主义现代化进程和中华民族的伟大复兴。

2007年党的十七大报告中首次提出建设生态文明;2012年党的十八大将生态文明建设提到战略高度,提出"坚持节约资源和保护环境的基本国策,坚持节约优先、保护优先、自然恢复为主"的生态文明建设的政策方针和"推进绿色发展、循环发展、低碳发展"的生态文明建设途径;2015年,随着十八届五中全会的召开,生态文明建设首次被写入国家五年规划;2017年党的十九大报告中,习近平总书记进一步指出要加快生态文明体制改革,建设美丽中国。

中国特色社会主义生态文明建设不单单是涉及自然生态层面,同时也是涉及经济层面、政治层面、文化领域、社会领域的一个有机整体[①],但是主要还是解决生态问题。虽然我国开展生态文明建设相对于国外发达国家比较晚,但是从长远来看却有着自己的优势:一是有马克思主义理论作为中国特色社会主义生态文明建设的理论指南,树立了尊重自然规律和保护生态环境、实现人与自然和谐共生的马克思生态观,从全国人民的利益出发,从国家的长远发展出发,在尊重自然规律的基础上改造和利用自然界的马克思价值观;二是有着代表先进生产力的发展方向、代表先进文化的前进方向的中国共产党领导,并始终站在党和人民的利益的基础上思考问题和办事;三是社会主义制度有利于集中力量办大事,为生态文明建设提供根本保障。

经过生态文明建设过程中的不断探索和实践,我国已经形成了一套先进的生态文明建设理念:"生态兴则文明兴,生态衰则文明衰"理念,强调了生态文明建设的重要性与必要性;"环境就是民生"理念,揭示了生态环境的污染与破坏问题,已经成为我国改革开放之后亟待解决的重大社会和政治问题;"绿水青山就是金山银山"理念,提出保护环境就是保护生产力,改善环境就是发展生产力;"人与自然和谐共生"理念,表明人类只有尊重自然、顺应自然、保护自然,才能实现人与自然相互作用的最大化;"水林田湖生命共同体"理念,认为生态文明建设要运用系统论的思想方法,统筹生态系统的各个要素;"生态环境是最公

---

① 汪希. 中国特色社会主义生态文明建设的实践研究[D]. 成都:电子科技大学,2016.

平的公共产品"理念，提出生态环境问题不是个人问题而是全体问题，保护生态环境需要全人类的努力。

经过对原来生态文明建设过程的不断总结和创新，我国已经建立起了生态文明建设的基本思路：一是构建生态文明建设的顶层设计，党的十八大确立了生态文明建设的战略定位，把它同经济建设、政治建设、文化建设、社会建设一起，成为建设中国特色社会主义五位一体的总布局，十八届三中全会又提出加快建设生态文明制度，尽快实现生态文明建设制度化，十八届四中全会提出用严格的法律制度保护生态环境，这一系列措施为生态文明建设指明了前进的方向；二是将过去的粗放式发展方式向集约型发展方式转变，调整产业结构，大力发展第三产业；三是加强生态文明制度建设，用制度引导、约束、规范生产生活行为，相继颁布《中共中央国务院关于加快推进生态文明建设的意见》和《生态文明体制改革总体方案》，健全了自然资源资产产权制度，制定了国土空间用途管制制度以及生态补偿制度；四是积极推行国家生态文明试点示范区建设，发挥其在全国的榜样和引领作用；五是划定生态保护红线，明确禁止开发区域。

(三)水生态文明建设

水是万物之源、生态之基，水生态文明是生态文明的核心内容和重要保障，水生态文明建设是生态文明建设的重要组成部分。水生态文明是党的十八大的产物，是我国水利部结合我国水环境、水资源管理政策和实际情况创造的特有名词。2013年水利部印发了《水利部关于加快推进水生态文明建设工作的意见》(水资源[2013]1号)，将生态水资源开发、利用、治理、配置、保护纳入水生态文明建设。2012年，济南成为我国第一个国家级水生态文明试点城市；2013年，北京密云县、天津武清区等45个城市(县区)成为我国首批水生态文明城市建设试点，2018年之前全部完成验收；2014年，水利部又确定了59个城市(县区)为第二批全国水生态文明城市建设试点。各城市建设试点形成政府主导、水利牵头、分工协作、社会参与的工作机制，取得了良好的建设效果。

在此背景下，水生态文明和水生态文明建设引起了学术界广泛的研究和讨论，水生态文明和水生态文明建设的内涵和定义也在不断丰富。其中有关水生态文明的定义，比较具有代表性的有左齐亭[①]提出来的"人类遵循人水和谐理念，

---

① 左其亭. 水生态文明建设几个关键问题探讨[J]. 中国水利，2013(4)：1-3，6.

以实现水资源可持续利用,支撑经济社会和谐发展,保障生态系统良性循环为主题的人水和谐文化伦理形态",这一定义主张人与自然和谐共生的理念,强调要注重"水利",更要保护水资源。赵钟楠①等人从有关背景和现实机理出发,认为水生态文明是以生态文明理念为指导,以保障经济社会可持续发展和实现水生态系统稳定健康为目标,既要保障人类发展需求,也要保障水生态发展需求。马建华②提出,水生态文明建设要求人类把生态文明理念融入兴水利、除水害的各项治水活动,按照人与自然和谐相处的原则,采取多种措施对自然界的水进行控制、调节、治理、开发、保护和管理。国外虽然没有与水生态文明完全一样的概念,但是很多专家和学者从事着类似的研究,赛德拉③和克里斯④分析了水资源管理与经济社会发展的关系,海德利⑤研究针对可持续化水管理模式建立新的规范标准和评估原则。

综述所述,笔者认为水生态文明建设就是以人水和谐为理念,加强水安全保障、水资源保护、水环境管理、水经济发展、水文化建设,从而达到既支撑经济社会可持续发展,又保障水生态环境良性循环的目标。

二、绿色发展概念的辨析与界定

(一)生态文明建设理念下绿色发展的内涵

2002年,绿色发展的内涵初次出现于联合国开发计划署的《2002年中国人类发展报告:让绿色发展成为一种选择》一文中。2009年,经济合作发展组织发表《绿色发展宣言》,2012—2018年,经济合作发展组织连续召开绿色发展和可持

---

① 赵钟楠,张越,黄火键,等. 基于问题导向的水生态文明概念与内涵[J]. 水资源保护,2019,35(3):84-88.

② 马建华. 推进水生态文明建设的对策与思考[J]. 中国水利,2013(10):1-4.

③ Sadler Barry. Sustainable Development and Water Resource Management[J]. Alternatives: Perspectives on Society and Environment, 1990(17):14.

④ Chirs S, Leila H, Radoslav D, et al. Contested Waters: Conflict, Scale, and Sustainability in Aquatic Socioecological Systems[J]. Society and Natural Resources, 2002, 15(8):663-675.

⑤ Hedelin Beatrice. Criteria for the Assessment of Sustainable Water Management[J]. Environmental Management, 2007, 39(2):151-163.

续发展论坛。西方绿色发展经历了生态意识萌生、绿色发展理念萌芽、绿色发展概念提出以及绿色发展深化四个阶段①。在我国，绿色发展同样经历了多个时期的探索，早在"一五"至"五五"时期，我国一味追求经济建设而忽视了环境保护，用牺牲环境换取经济增长，这个时期的生态环境遭受到巨大的破坏。在"六五"至"八五"时期，生态环境开始受到重视，经济和环境协调发展的意识开始萌芽，绿色发展的相关理念通过多种具体的环保举措渗透在社会经济的方方面面。"九五"至"十五"期间，国家五年规划首次提出"绿色"概念，将绿色理念融入各行各业。"十一五"至今，绿色发展的理念不断深化，2007年，党的十七大报告强调将"三生"（生产、生活、生态）协调发展具体化为建设"两型"社会，建设生态文明，强调转变经济发展方式，突出以人为本的核心；2012年，党的十八大提出"五位一体"的发展总体布局，明确要推进绿色发展、循环发展、低碳发展，树立全新的生态文明理念；2015年10月党的十八届五中全会上，绿色发展理念被提升为我国治国理政的理念；2017年，党的十九大报告进一步强调要坚定不移贯彻创新、协调、绿色、开放、共享五大新发展理念，对经济社会的发展方式和生活方式提出"绿色化"要求的同时，强调从制度层面加强对生态环境的保护。本书认为，绿色发展是一种不同于传统发展的创新发展模式，在生态环境容量和资源承载力双重约束下，以生态保护为发展原则的新型发展。其主要包括以下几点：一是要以资源承载和环境容量作为发展的内在约束条件；二是要将实现社会、经济和生态的综合可持续发展作为绿色发展目标；三是要把贯穿经济活动的所有过程及结果的"绿色化""生态化"作为绿色发展的主要内容和途径。在我国，绿色发展是中国共产党领导中国人民致力于改善和优化人与自然、人与社会、人与人之间的关系，通过营造良好的外部生态环境所带来的物质、精神、制度等方面成果的集成。

（二）绿色发展的相关概念

1. 绿色高质量发展

2017年，中国共产党第十九次全国代表大会中首次提出高质量发展的概念，

---

① 麦思超. 长江经济带绿色发展水平的时空演变轨迹与影响因素研究[D]. 南昌：江西财经大学，2019.

同年，中央经济工作会议指出推动高质量发展仍是重要任务。2018年，中央经济工作会议指出，要通过长江经济带的转向发展推动高质量发展。2019年，二十四国集团领导人第十四次峰会上，习近平总书记指出，实现高质量发展的关键主要有三点，一是继续推进供给侧和需求侧结构性改革；二是努力培育如数字经济的新发展动力；三是努力实现发展成果全民共享。同年的中央经济工作会议明确，高质量发展在下一阶段仍然要重点巩固，高质量发展和新发展理念在内涵上是重合的，两者是相互促进的关系。自高质量发展概念被提出后，学术界关于高质量发展的研究较多，涉及领域广泛，如工业、农业、建筑业等多个行业及经济、科技、生态等多个层面，但是关于绿色高质量发展的研究较少，并没有对"绿色高质量发展"的概念进行明晰的界定。大部分学者在对绿色高质量发展进行讨论之前并未给出一个清晰明确的定义，多是直接对高质量发展和绿色发展的概念进行阐述后探讨绿色高质量发展的内涵。中共十八届五中全会首次提出创新发展、绿色发展、协调发展、开放发展、共享发展，统称为新发展理念，高质量发展的推动必须在深入贯彻新发展理念的基础之上。杨伟民[①]认为，高质量发展即能够满足人民日益增长的美好生活需要的发展，是体现绿色、创新、协调、共享、开放五大新发展理念的发展，其中绿色发展是基本要求。窦若愚[②]提出，绿色高质量发展需要从新发展理念的各个方面去理解，新发展理念是一个有机整体，五个发展理念是相互促进、相互加强的协同关系，绿色高质量发展需要从多个方面考虑。本书认同此类观点，并将绿色高质量发展界定为将高质量发展融合进新发展理念，并以绿色发展为导向，将环保理念纳入社会经济发展的方方面面，全面实现新发展理念其他四个方面的高质量发展，即创新高质量发展、开放高质量发展、共享高质量发展、协调高质量发展。

2. 绿色可持续发展

1972年，在斯德哥尔摩举行的联合国人类环境研讨会上正式开始讨论可持续发展的概念，1980年国际自然保护同盟的《世界自然资源保护大纲》提出："必须研究自然的、社会的、生态的、经济的以及利用自然资源过程中的基本关系，

---

① 杨伟民. 贯彻中央经济工作会议精神推动高质量发展[J]. 宏观经济管理，2018(2)：13-17.

② 窦若愚. 绿色高质量发展评价指标体系构建与测度研究[D]. 北京：中国社会科学院，2020.

以确保全球的可持续发展。"1981年,美国布朗出版《建设一个可持续发展的社会》,提出以控制人口增长、保护资源基础和开发再生能源来实现可持续发展。1992年,联合国在里约热内卢召开的"环境与发展大会",通过了以可持续发展为核心的《里约环境与发展宣言》《21世纪议程》等文件。随后,我国政府编制了《中国21世纪人口、资源、环境与发展白皮书》,首次把可持续发展战略纳入我国经济和社会发展的长远规划。1997年党的十五大把可持续发展战略确定为我国"现代化建设中必须实施"的战略,可持续发展主要包括社会可持续发展、生态可持续发展、经济可持续发展。2002年,党的十六大把"可持续发展能力不断增强"作为全面建设小康社会的目标之一。党的十七大提出了对我国可持续发展目标的新的更高要求:基本形成节约能源和保护生态环境的产业结构、增长方式和消费方式。学界对可持续发展理论有不同的理解,比较普遍的是1972年世界环境与发展委员会(WCED)在斯德哥尔摩以人类环境为主题的联合国会议上所提出的定义:既能满足当代人的需要,又不对后代满足其需要的能力构成危害的发展。在国际上,关于可持续发展的定义更是超过100种之多。从不同层面考虑,可持续发展的定义有所差别。从生态层面上,国际生态联合会和国际生物科学联合会在关于"可持续发展问题"专题研讨会上将可持续发展定义为"保护和加强环境系统的生产和更新能力";在经济层面上,爱德华在《经济、自然资源、不足和发展》一书中将可持续发展定义为"在保证自然资源的质量和其所提供服务的前提下,使经济发展的净利益增加到最大限度";在社会层面上,世界自然保护同盟、联合国环境规划署和世界野生动物基金会在《保护地球——可持续生存战略》一书中将可持续发展定义为"在生存于不超过维持生态系统涵容能力之情况下,改善人类的生活品质"。戴云菲[①]通过将不同学者、组织、机构对可持续发展的定义加以收集整理,并且参考了不同学者提出的分类后,将现存文献中的定义分为可持续发展的终极目标是发展和保证人类的生存,可持续发展的本质是在经济发展与环境生态间寻求一个动态平衡点,可持续发展的社会意义在于为人类提供优质的生存环境,可持续发展的重中之重是在保证公平性的前提下寻求经济最大限度的发展以及可持续发展的实现要依赖绿色高效的技术。本书在绿色发展和高质量发展内涵的基础上,参考其他学者的定义,将绿色可持续发展定义为在

---

① 戴云菲.可持续发展理论文献综述[J].商,2016(13):111.

绿色高质量发展的基础上，合理使用自然资源基础支撑生态抗压能力即经济的增长，以满足当前的需要，而又不削弱子孙后代满足其需要之能力的发展。

三、经济绿色发展模式及评析

(一)经济绿色发展模式

1. 绿色经济

对于绿色经济的内涵，学术界目前还没有统一的说法。曲格平(1992)[1]使用了绿色经济这一概念，并指出绿色经济是以保护环境不受危害为基础，主要表现在以下两个方面：一是以污染防治和生态修复为主要特征的环保产业的兴起；二是因环境保护而引起的产业结构的调整和生产方式的变革，并带动了绿色产业的兴起和发展。邹进泰(2003)[2]提出绿色经济发展是从单一物质文明目标向物质文明、精神文明和生态文明多元目标的转变。刘思华(2011)[3]将绿色经济界定为以生态文明为价值取向，以生态、知识、智力资本为基本要素，以人与自然和谐发展和生态经济协调发展为根本目标，实现生态资本增值的可持续经济。

综合来看，绿色经济有广义和狭义之分。广义的绿色经济是一个相对笼统的大概念，不仅关注人与自然、生态与经济的相互关系，还关注人文、制度等多个社会层面，即与环境问题和社会发展有关的因素几乎都被囊括进绿色经济的范围[4]。本书探讨的绿色经济更多的是围绕狭义的绿色经济，通过技术革新和制度安排，最大限度提高能源利用效率，降低污染排放，减少对环境和生态的破坏[5]，在生态承载力允许的范围内发展经济。

基于此，本书借鉴万伦来[6]等人的观点，将绿色经济定义为：将自然资本作为经济发展的内生变量，以资源节约、环境保护和消费合理为核心内容，以绿色

---

[1] 曲格平，著.中国的环境与发展[M].北京：中国环境科学出版社，1992.

[2] 邹进泰，熊维明，等，著.绿色经济[M].太原：山西经济出版社，2003.

[3] 刘思华著.《生态文明与绿色低碳经济发展论丛》生态文明与绿色低碳经济发展总论[M].北京：中国财政经济出版社，2011.

[4] 杨雪星.中国绿色经济竞争力研究[D].福州：福建师范大学，2016.

[5] 徐建波.我国低碳经济发展的金融支持问题研究[D].南京：南京大学，2014.

[6] 万伦来，黄志斌.绿色技术创新：推动我国经济可持续发展的有效途径[J].生态经济，2004(6)：29-31.

创新为根本动力，通过技术创新，使得整个经济系统在生态承载力允许的范围内运行，实现绿色增长与人类福祉最大化的经济形态。

2. 循环经济

1966，美国经济学家Kenneth① 首次提出循环经济的思想。20 世纪 90 年代末循环经济思想引入我国，并得到迅速发展。目前，学术界对循环经济的内涵尚无统一定义，不同的学者有不同的理解。解振华认为，循环经济要求按照生态规律组织整个生产、消费和废物处理过程，其本质是一种生态经济②。汤天滋认为，循环经济的实质是以物质闭环流动为特征的生态经济③。左铁墉认为，循环经济是将生态学原理作为人类社会经济活动的指导，以资源高效循环利用为核心，以"3R"为原则，以低消耗、低排放、高效率为基本特征的社会生产和再生产模式④。钱易认为，循环经济是指一种物质不断循环利用，资源—产品—再生资源的新经济模式⑤。诸大建认为，循环经济是整合了经济、社会和环境的一种体现统筹发展思想的新经济⑥。目前为止，学术界关于循环经济的定义尚不统一。综合来看，循环经济分为广义的循环经济和狭义的循环经济，其核心思想都是通过一定的思想、科技、体制等外部条件的支撑作用来实现资源的高效利用和能量的循环流动。广义的循环经济是在经济系统、社会系统、生态系统三个系统的内部和相互之间高效循环，只有三个系统平稳运行、和谐发展，才能实现人类社会的可持续发展，是一种新的人类生产和发展模式。而狭义的循环经济只是在经济系统内部的一种循环流动，它只是单纯地从经济系统内部的经济实体出发，实现经济效益最大化和污染最小化，是一种全新的经济发展创新模式⑦。

---

① Boulding Kenneth. The Economics of the Coming Spaceship Earth [J]. Radical Political Economy: Explorations in Alternative Economic Analysis, 1996: 357-367.
② 解振华. 大力发展循环经济[J]. 求是, 2003(13): 53-55.
③ 汤天滋. 主要发达国家发展循环经济经验述评[J]. 财经问题研究, 2005(2): 21-27.
④ 左铁墉. 贯彻落实科学发展观 加快发展循环经济 构建资源循环型社会[C]. //中国科学技术协会2004年学术年会论文集. 海南：中国科学技术协会, 2004: 56-68.
⑤ 钱易. 循环经济与可持续发展[J]. 国土资源, 2005(2): 4-5.
⑥ 诸大建. 在新发展观的平台上认识和发展循环经济[C]. //中国环境科学学会2004年学术年会论文集. 北京：中国环境科学出版社, 2004: 9-12.
⑦ 任腾. 区域生态经济系统的效率评价研究[D]. 长沙：湖南大学, 2015.

3. 低碳经济

2003年,英国政府在《能源白皮书》中首次提出低碳经济一词,认为低碳经济是指以低能耗、低排放、低污染和高效率为基础的新型经济发展模式。低碳经济自提出至今不过十余年,对其概念和内涵的研究还有待不断深化与挖掘,至今,对其定义还未达成共识。陆源认为,低碳经济是运用新能源和新技术降低碳排放,保证经济、社会及生态环境可持续发展的一种经济发展模式。任志宽认为,低碳经济是一种在经济增长的同时实现温室气体排放低增长甚至负增长的经济模式。郭利锋认为,低碳经济是实现集经济、能源、环境、科技于一体的绿色生态经济[1]。贾林娟[2]认为,低碳经济发展模式是以低碳经济理论为指导,以可持续发展为目的的绿色、循环发展模式。刘永红认为,低碳经济是一个包括了经济、环境、资源、社会等方面的综合系统[3]。综合来看,低碳经济按其定义大致可以分为广义和狭义两类,但其核心思想是一致的,即通过科技创新和制度政策,减少温室气体的排放,尽可能地降低温室效应,从而实现环境、经济和社会的和谐、永续发展[4]。广义的低碳经济从人类社会发展目标出发,认为低碳经济是实现人类可持续发展的新型经济形态,凸显了未来的发展方向。狭义的低碳经济以对生态文明建设的方法和手段的探究为出发点,反映了低碳经济对经济发展的内在要求。

4. 生态经济

1966年,美国经济学家Kenneth Boulding在《一门科学——生态经济学》中提出生态经济的概念。[5] 此后,学术界开始结合生态学与经济学去研究与环境资源有关的经济问题,对于生态经济理论的理解主要分为生态经济系统理论、生态经济平衡理论两方面内容。生态经济系统理论认为,生态经济系统是由生态、社会、经济三个子系统组成的具有一定结构和功能的复合系统,子系统之间相互作

---

[1] 郭利锋. 山西省低碳经济发展水平及影响因素研究[D]. 山西:太原理工大学,2015.
[2] 贾林娟. 全球低碳经济发展与中国的路径选择[D]. 大连:东北财经大学,2014.
[3] 刘永红. 基于系统动力学的山西省低碳经济发展路径研究[D]. 太原:山西财经大学,2015.
[4] 徐建波. 我国低碳经济发展的金融支持问题研究[D]. 南京:南京大学,2014.
[5] 唐建荣,主编. 生态经济学[M]. 北京:化学工业出版社,2005.

用、相互交织、相互渗透,是人类一切活动的载体。在生态、社会、经济三个子系统之间进行物质循环、能量转换、信息传递和价值转移是其最基本的功能,生态经济系统的结构与功能互相统一。其实质是人类开发利用生态资源与环境,并实现各生产要素合理配置及使用的过程。生态经济平衡理论是指生态系统及其物质、能量供给与经济系统对物质、能量需求之间的协调状态。生态经济平衡就是一个人工化的生态平衡,既是符合自然生态进化发展目标的经济平衡,也是符合人类经济社会发展目标的生态平衡。

综合来看,生态经济是把人类发展和生态环境相统一,把经济系统和生态系统相结合,是一种符合生态原理和经济规律的发展理论。它要求生态和经济社会协调一致,彼此融合、相互促进,实现高效而优质的发展①。

(二)经济绿色发展模式评析

1. 发展模式之间的共同点

通过比较分析,本书认为,有关上述四种经济形态的论述既有相同点,又各自有其侧重点,它们之间的共同点如下。①背景相同。它们都是人类在经济社会发展过程中遇到资源、环境、生存等系列危机后进行深刻反省而产生的新型经济发展模式,是对人类与自然之间的关系进行重新认识和总结的结果。它们都是针对传统在资金和环境成本上高投入低收益的落后经济发展模式的改革,主张节约资源、保护环境,通过新的发展理念追求人与自然和谐发展。②理论基础相同。它们都是不同程度的基于生态学理论、经济学理论和系统理论发展而来。它们都强调资源的有限性,即人类在利用自然资源发展自身时,要注意人类生产活动与自然、生态环境的相互依存关系,将人类自身及其经济生产活动融入自然系统,实现人与自然的和谐共生。③技术手段相同。它们在实现的技术手段上都是以科技为基础。即均遵循生态学与经济学的规律,以节约资源和保护环境为前提,维持生态平衡,促进人类与自然和谐发展的一切实用的各种手段和方法,既包括创新技术本身,又包括科学伦理与价值等具有社会作用的约束。④最终目标相同。它们的目标均为以保护和改善环境为前提条件,最终实现人与自然的和谐相处、

---

① 刘朝瑞. 县域生态经济发展研究[D]. 武汉:武汉理工大学,2008.

社会的稳定可持续发展。

2. 发展模式之间的差异

循环经济、生态经济、绿色经济以及低碳经济由于各自研究的范围、切入点和侧重点不同，其采用的方式和手段也有所差异，主要表现如下。①循环经济强调经济发展过程中的物质循环与利用。循环经济是从资源利用角度出发，核心是物质的循环利用，减少废物的产生。②低碳经济强调经济发展过程中的能量循环与利用。低碳经济是从能源的利用角度提出的，核心是降低碳排放、使用清洁能源和能源技术的革新。循环经济与低碳经济属于交叉关系。循环经济与低碳经济都强调节能减排，但是循环经济的范围不仅仅局限于碳排放，低碳经济考虑到自然的碳排放承载力。③绿色经济强调生态承载能力。绿色经济综合资源、能源、生态环境多个角度，并且考虑到生态承载力，其内涵范围涵盖了循环经济和低碳经济。④生态经济侧重自然系统与社会经济系统的协调发展。生态经济从系统的角度出发，考虑到系统中人口、资源、环境及科技的配置，并且注重维持系统的平衡和稳定，比绿色经济考虑得更加全面①。

通过以上对生态经济、循环经济、低碳经济、绿色经济四种经济绿色发展模式之间的辨析，可以得到这四种发展模式都是在可持续发展理论下，为了缓解经济社会发展与环境、资源等不协调的问题，而相继出现的新型经济发展模式，是对人与自然和谐发展的认识和总结，其最终目标都是实现人类与经济、社会、资源环境之间协调和可持续发展。这四种新型经济发展模式既有各自的特征和切入点，又有相互补充性，绿色发展与可持续发展之间既有联系又有区别。在范围上，可持续发展包含社会、经济、人口、环境、资源等内容的可持续，其范围甚至延伸至伦理角度，而绿色发展仅仅从社会、经济、资源、环境四个方面考虑未来发展，可持续发展所涵盖的范围远远超过绿色经济所涉及的范围；在发展要求上，可持续发展强调发展权利的时间和空间上的公平性，而绿色发展除此之外还强调人的全面需求，要求较可持续发展更为苛刻。这四种新型经济发展模式以及

---

① 陈浩，付皓. 低碳经济的特性、本质及发展路径新论[J]. 福建论坛（人文社会科学版），2013(5)：29-34.

绿色发展和可持续发展之间的概念关系，如图1-1所示。

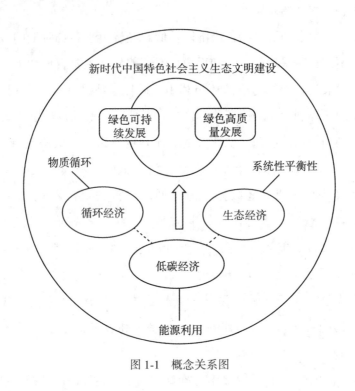

图1-1 概念关系图

四、绿色发展理念下水环境相关概念

(一)水环境安全

"无危则安，无损则全"，安全是指客观事物的危险程度能够为人们普遍接受的状态，安全具有相对性，世上没有绝对的安全①。水环境安全这一概念是20世纪末提出来的，最早是作为环境安全的一部分被研究。1972年联合国第一次环境与发展大会预言石油危机之后的下一个危机便是水，2000年，海牙世界部长级会议宣言的标题和斯德哥尔摩世界水讨论会的主题都是"21世纪水安全"，

---

① 邹碧海，主编. 安全学原理[M]. 成都：西南交通大学出版社，2019：287.

2005年在第七届国际水文科学大会上许多国家都将水安全列入国家安全战略层面①。

目前，学术界对于水环境安全的理论研究方面还处于百家争鸣的状态，不同的专家学者试图站在不同的角度对其进行定义。洪阳②认为，水环境安全是由于人类不可持续的社会经济活动使得水体弱化或丧失正常功能，不能维持其社会与经济价值，进而危及人类对水的基本需求；彭盛华③、熊正为④等人都以水质恶化和水质污染作为水环境安全的衡量标准；夏军⑤认为，水安全问题通常是指相对人类社会生存环境和经济发展过程中发生的水的危害问题，而水资源安全问题是其中最为重要的一个方面。以上学者大多是从资源安全的角度来给水环境安全下定义，但是水不仅仅是一种资源，同时还是环境的重要组成部分。Malin Falkenmark⑥认为，地球是个生物系统，而水是生物圈的血液，将水、土地、生态系统看成一个综合体，形成以流域为基础的生态系统模式，是满足社会和环境可持续性发展的条件；Catherine⑦提出从人为因素来考虑水环境安全问题，并指出从人文视角考察文化和科学数据，评估其与水环境安全的相互影响。

本书在定义水环境安全时，参考曾畅云对水环境安全的定义，认为水环境安全是指在一定历史阶段和一定社会条件下，某一空间范围内的水体拥有充足水量和安全水质，以满足其内部和周围环境所组成的生态系统为维持正常运转而对水环境系统功能的需求，并能在相对较长的时段内实现该功能的

---

① 曾畅云，李贵宝，傅桦. 水环境安全及其指标体系研究——以北京市为例[J]. 南水北调与水利科技，2004，2(4)：31-35.

② 洪阳. 中国21世纪的水安全[J]. 环境保护，1999(10)：29-31.

③ 彭盛华，翁立达，赵俊琳. 汉水流域水环境安全管理对策探讨[J]. 长江流域资源与环境，2001，10(6)：530-536.

④ 熊正为. 水资源污染与水安全问题探讨[J]. 地质勘探安全，2001，8(1)：41-44.

⑤ 夏军，朱一中. 水资源安全的度量：水资源承载力的研究与挑战[J]. 自然资源学报，2002，17(3)：262-269.

⑥ Malin Falkenmark. The Greatest Water Problem: The Inability to Link Environmental Security, Water Security and Food Security [J]. International Journal of Water Resources Development, 2001, 17(4): 539-554.

⑦ Catherine Sughrue. Human Factors Fostering Sustainable Safe Drinking Water[D]. Newport: Salve Regina University, 2007.

可持续发挥①。

(二) 水资源承载力

"承载力"(或"承载能力")(carrying capacity)一词，起源于物理学，即"物体在不产生任何破坏时所能承受的最大负荷"，可简单理解为，一个系统对另一个系统所支撑的最大负荷。而后"承载力"一词被用至生态学，用以衡量某区域在一定环境条件下能够支撑某一物种的最大数量。20 世纪 80 年代，联合国教科文组织(UNESCO)提出了资源承载力的概念：一个国家或地区的资源承载力是指在可以预见的期间内，利用本地能源及其自然资源和智力、技术等条件，在保证符合其社会文化准则的物质生活水平条件下，该国或地区能持续供养的人口数量。

水资源承载力迄今仍是一个外延模糊、内涵混沌的概念，对其内涵的界定尚未达成共识。关于水资源承载力的定义有很多种，由于出发点不同，对其概念的理解也存在较大差距，致使概念不统一。对于水资源承载力含义的理解主要可以从三个角度出发。第一种观点是水资源开发规模论，水资源开发规模论认为水资源承载能力是在某一社会技术经济阶段，在合理开发利用且不损害生态环境的前提下，现有水资源能够支撑全社会经济运转的最大开发规模。水资源承载能力即水资源可开发利用量，必须首先满足维护生态环境的基本用水要求，以及合理分配国民经济各部的用水比例。在一定的技术经济水平和社会生产条件下，水资源可供给工农业生产、人民生活和生态环境保护等用水的能力，也即水资源最大开发容量。第二种观点是水资源承载最大人口论，其认为水资源承载力为在某一具体的发展阶段下，以可以预见的技术、经济和社会发展水平为依据，以可持续发展为原则，以维护生态环境良性发展为前提，在水资源合理配置和高效利用的条件下，区域社会经济发展的最大人口容量，现在也有通过水资源可以负担的农业用水量转换来评价可承担的最大人口容量。第三种观点是水资源支撑社会经济系统持续发展能力论。虽然承认水资源承载力最终要以一定的人口总量规模为落脚点，但进一步认为这种人口规模是与最大的生活水平也就是人均综合效用水平相

---

① 曾畅云，李贵宝，傅桦. 水环境安全及其指标体系研究——以北京市为例[J]. 南水北调与水利科技，2004，2(4)：31-35.

对应的,换言之,在可持续发展的前提下,"最大"的含义就是对应着最优的发展水平。无论怎样的定义,大多强调了"水资源的最大开发规模"或者"水资源对经济社会发展的支撑能力"。

综上所述,本书将水资源承载力定义为:一个地区、流域或国家在不同发展阶段的经济技术条件下,当水资源被合理开发利用时,当地水资源能够维系和支撑的最大人口生存所需的资源量或社会经济规模。

第三节 研究思路与技术路线

一、研究前提

(一) 绿色发展是长江经济带发展首要的战略定位

面对当前发展限制,党的十八大后适时提出了"新常态"的理念,从思想上端正并重新认识了当前国内经济形势,提出长江经济带发展战略,寻求经济的平稳高质量增长。

长江经济带发展规划的出台是我国中长期发展战略中的重心与关键。李克强总理曾经就长江经济带发展战略建设指出,"要依托黄金水道打造长江经济带,为中国经济持续发展提供重要支撑"[①]。为保障其发展的基础,长江经济带的发展就要严格执行生态优先、绿色发展的战略目标,达到人与自然和谐相处,努力实现长江经济带的绿色、永续发展。为实现这一目标,党和政府曾多次强调,长江经济带的建设要遵循发展与保护并存的原则,且保护要更加优先于发展。2016年9月,中共中央办公厅印发的《长江经济带发展规划纲要》提出:"长江经济带发展必须围绕生态优先、绿色发展的理念,把长江经济带建设成为生态文明建设的先行示范带、引领全国转型发展的创新驱动带、具有全球影响力的内河经济带、东中西互动合作的协调发展带。"

长江经济带绿色发展是党和政府基于国家正处新经济形势和"经济新常态"背景下提出的一种全新的发展模式。长江经济带绿色发展侧重的是资源可循环、

---

① 建设长江经济带为中国经济发展提供重要支撑[EB/OL]. 人民网,2014-4-29.

生态无损害、人与自然和谐的发展,这种发展是包含可持续发展以及科学发展观内涵的综合发展新模式。长江经济带是我国经济发展的重要支点,它的发展方向决定了我国未来的发展目标,也是我国整体经济增长的重要动力。"生态优先,绿色发展"是长江经济带整体规划的总体要求和行动指南。

(二) 水环境安全是长江经济带绿色发展的基本前提

水是维系长江经济增长和社会发展的不可替代的战略资源。2018年4月,习近平总书记在长江考察之行中强调,人与水的关系很重要。世界几大生态文明都发源于大江大河,人离不开水,但水患又是人类的心腹大患。我国作为联合国13个缺水国家之一,水环境安全问题应当尤其受到重视。"九五"以来,国家先后将淮河、辽河、海河、太湖、巢湖、滇池、三峡库区及其上游、松花江、黄河中上游、丹江口库区及上游、长江中下游等11个流域列为水污染防治重点流域,连续实施了四个重点流域水污染防治五年规划。2008年2月28日全国人民代表大会常务委员会修订通过《中华人民共和国水污染防治法》,2015年2月,中央政治局常务委员会会议审议通过《水污染防治行动计划》,这些都表明我国已经把水环境安全提升到了国家发展策略的高度。

近年来,党中央、国务院对生态文明建设和环境保护提出了一系列新理念新思想新战略,相继出台了《关于加快推进生态文明建设的意见》《生态文明体制改革总体方案》等一系列重大决策,这些决策为水环境安全保护工作带来了新的契机。水环境安全问题不仅是生态问题,而且是关系国家经济、社会可持续发展和长治久安的重要战略问题。随着社会经济的迅速发展、城镇化进程的加快以及人类活动的影响,水资源短缺与用水需求不断增长的矛盾日益突出。水资源是长江经济带不可或缺的资源,但目前,长江经济带的水环境问题非常突出,长江经济带水环境安全面临的威胁会严重制约经济的绿色发展,甚至会直接关系国家的经济安全和政治安全,如何积极采取措施保障水环境安全,已成为关系长江经济带乃至我国经济绿色发展的基础性和战略性重大课题。

(三) 水资源压力是长江经济带绿色发展的突出难点

长江经济带是我国一条重要的流域经济带,其区划范围共9省2市。水资源是其社会经济发展的重要物质基础。目前来看，整个长江经济带范围内水资源的水质、水量与水生态保护均面临较大压力。首先就长江经济带水污染而言，生态环境部部长李干杰在谈到"打好污染防治攻坚战"问题时强调，长江经济带的污染防治攻坚战是重中之重①。长江经济带之所以是污染防治"攻坚战"中的重点，是因为长江经济带的环境污染仍较严重，其中水污染问题尤为突出。仅就长江排污而言，长江接纳的废水量位居全国七大流域首位，沿江工业及生活废水排放点源污染、农业生产面源污染以及船舶运输流动源污染为主要污染来源②。从审计署官网公布的长江经济带生态环境保护审计结果可知，截至2017年底，长江经济带9省市中有100余座城镇污水处理厂未达到国家要求的一级A排放标准。又因污水处理能力有限、管网破损等，2017年长江经济带中6个省有高达2亿吨污水未被有效收集处理或直接排放入江。长江经济带在水资源开发与保护也存在资源开发过度、企业超量取水及监管不利等问题。截至2017年底，水资源的过度开发导致300多条支流出现了不同程度的断流情况，断流河段总长约1000公里；许多单位无证取水和超量取水现象十分普遍；长江经济带中一些省市违规占用岸线项目、未经审批新建或扩建的化工、造纸等项目也层出不穷③。由此可见，长江经济带水环境保护与水资源开发仍存在许多问题。

长江经济带经济社会发展消耗了全国较大比重的水资源，用水强度非常大④。长江经济带在产业繁荣发展的同时，也容纳了大量的污染物质，面临着巨大的水生态环境污染和部分地区高质量水资源短缺的压力，其水污染问题与水资源压力成为绿色发展的痛点与难点。

（四）水资源利用效率是长江经济带绿色发展的关键手段

提升水资源的利用效率有利于缓解水资源不足问题及减轻资源恶化的压

---

① 长江经济带是水污染防治工作的重中之重[EB/OL]. 人民网，2018-3-19.

② 靖学青，主编. 长江经济带产业协同与发展研究[M]. 上海：上海交通大学出版社，2016.

③ 李欢. 长江经济带生态环境保护审计结果：污染治理存在问题[N]. 中国新闻网，2018-6-19.

④ 吴传清，黄磊. 长江经济带绿色发展的难点与推进路径研究[J]. 南开学报（哲学社会科学版），2017(3)：50-61.

力,符合经济新常态对环境和资源利用的要求,符合供给侧改革的要求,是实现水资源可持续利用和社会绿色发展的根本途径措施。首次聚焦水资源使用管理,2011年中央发布了"一号文件",文件提出要建立健全监控用水效率的控制红线,以此遏制用水浪费现象。文件强调,水资源管控红线指标体系,要纳入各地方政府其经济社会发展综合评价体系,在水资源管理方面,地方政府负主要责任。同年2月,国家又相继推行最严格的水资源管理制度,明确确立水资源利用效率的三条红线,从水资源消耗总量和消耗强度、用水效率的管控、在水功能区限制纳污等多方面严控水资源管理。可见,我国对水资源的有效利用效率问题极为重视,以此看来促进经济社会的绿色、循环、可持续发展的决心十足坚定。

2017年初,习近平总书记组织召开了长江沿线经济发展研讨会,会上提出要保证长江水资源的优化利用,以推进沿线各产业结构达到最优化的资源调配。这些举措均显示出国家对长江经济带及其水资源的重视程度。而长期以来,由于我国传统粗放型的经济资源开发模式,长江经济带的水资源短缺和水环境污染问题已十分严峻,水资源的技术开发效率及利用效率较低,浪费现象较为严重。因此,研究分析长江经济带水资源的实地配置状况,努力提高长江流域的水资源开发效率和利用效率,对长江经济带在新时代背景下实现经济稳步增长和推动社会的绿色发展具有重要意义。

(五)水环境管理政策是长江经济带绿色发展的保障措施

在政府和国家战略层面对长江经济带发展日益重视,对长江流域生态治理和修复的力度和投入逐渐加大,长江经济带针对日益严峻的生态形势和逐渐由"因水而优"转变为"因水而忧"的局面而出台大量政策的背景下,这些政策的大量颁布和实施是否有效推动长江经济带水环境的整体改善,是否能实现长江经济带水环境管理工作的目标,是否能促进长江经济带经济的绿色发展,这些问题都需要我们通过专项的科学评估来做出解释并反馈。

因而引入一种科学的评价机制对长江经济带水环境政策的实施效果进行全面系统的评估是十分必要的。环境政策评估作为对环境绩效进行量测与评估的一种手段,通过选择指标、收集和分析数据、依据政策评估准则进行信息评价、报告和交流，针对过程本身进行定期评审和改进，对环境政策实施后所取得的效果进行衡量，来评价政策成效，是一种有效的评估手段。因而运用科学的评价模型，对水环境管理政策的实施效果进行全面客观的系统评价是十分必要的。

二、研究思路

本书基于三个背景(生态文明建设下经济高质量发展的时代背景、长江经济带"生态优先、绿色发展"的战略背景、长江经济带水环境治理与绿色发展协同的政策背景)、一条主线(长江经济带的绿色发展)、三个水环境制约因素(水环境安全、水资源承载力、水资源利用效率)、一个关键政策(水环境管理政策)来整体搭建研究框架。

基于生态文明建设与绿色发展、经济绿色发展模式及绿色发展相关核心概念，阐述国内外绿色发展的途径与经验，一方面结合我国生态学先驱马世俊等(1984)的社会-经济-自然复合生态系统理论，运用PSR(压力-状态-响应)模型构建长江经济带省域经济绿色发展指数评价指标体系，分析长江经济带各省市目前的绿色发展水平现状；另一方面，结合绿色发展潜力的内涵，着重考虑水资源对资源、环境以及绿色发展的影响，构建绿色发展潜力评价指标体系，对长江经济带各省市的绿色发展潜力进行比较分析。

首先，从微观层面研究水环境制约因素对长江经济带绿色发展水平和发展潜力的影响，探究各省市绿色发展水平和发展潜力差异的原因。第一，从自然环境的角度，探讨了绿色经济发展与水环境安全的相互关系，运用PSR模型筛选评价指标构建水环境安全评价指标体系，基于突变理论构建省域尺度水安全评价模型，对长江经济带水环境安全进行综合评价，分析各个省份水环境安全主要风险因子；第二，从自然-社会耦合环境的角度，探讨了绿色经济发展与水资源承载力的相互关系，采用经验公式法构建长江经济带沿线省市水资源承载力估算模型和水资源承载力等级评价模型，分析长江经济带沿线省市水资源承载力的差异，总结了目前长江经济带经济绿色发展中与水资源相关的重点。第三，从社会环境的角度，探讨了绿色经济发展与水资源利用效率的相互关系，采用DEA方法构建经济发展水资源利用效率衡量模型，并结合长江经济带9省2市的实际情况分析目前其经济发展中水资源利用问题。

其次，从宏观层面研究水环境管理政策在长江经济带绿色发展中发挥的作用，采用PSR（压力-状态-响应）模型，从污染排放强度、水质改善效果、水资源利用和污染减排效率三个维度出发，建立水环境管理政策评价指标体系，对长江经济带沿线省市的水环境管理政策实施效果进行量化评估，分析水环境管理政策实施效果的差异对长江经济带绿色发展水平和发展潜力的影响。基于此，本书从微观和宏观两个层面总结得出研究结论，并提出相关政策建议。

三、研究方法

本书在进行大量文献资料梳理的数据统计收集的基础上，围绕长江经济带绿色发展的水环境制约和管理对策这一主题展开多方面研究，所用到的研究方法主要有以下几种。

1. 文献研究法

在研究的过程中，充分搜集国内外相关的文献资料，囊括优秀期刊论文、博硕士论文、政策文件、经典书籍等，具体包括"十二五""十三五"期间长江经济带各省市经济绿色发展的相关数据与资料，关于长江经济带水环境安全、水资源承载力、水资源利用效率、水环境管理政策的文献资料，《中国统计年鉴》《中国环境统计年鉴》《中国水利统计年鉴》等年鉴资料以及《水资源公报》等政府公开资料，经过整理分类，形成本书研究的资料库。

2. 归纳和比较分析相结合的研究方法

在系统梳理和分析国内外关于长江经济带绿色发展和水环境制约因素等文献的基础上，结合生态文明建设下经济高质量发展的时代背景、长江经济带"绿色发展、生态优先"的战略背景、长江经济带水环境治理与绿色发展协同的政策背景，阐述生态文明建设与绿色发展、经济绿色发展模式的理论，厘清绿色发展与循环发展、低碳发展以及可持续发展的异同点，界定水环境安全、水资源承载力、水资源利用效率等核心概念，为后续章节的理论分析、指标体系建立、模型构造以及实证检验奠定基础。比较分析长江经济带各省市绿色发展水平现状及发展潜力的差异，综合评估长江经济带水环境安全、水资源承载力、水资源利用效率以及水环境管理政策实施效果，探究目前长江经济带绿色发展存在的水环境问题，为长江经济带绿色发展提供更精准的水环境管理对策

3. 理论分析与实证分析相结合的研究方法

水环境安全是长江经济带绿色发展的基本前提，水资源承载力是长江经济带绿色发展的重要支撑，水资源利用效率是长江经济带绿色发展的关键手段，水环境管理政策是长江经济带绿色发展的保障措施。从目前长江经济带绿色发展、水环境安全、水资源承载力、水资源利用效率和水环境管理政策实际出发，着重考虑长江经济带存在的水环境问题。理论分析是实证分析的前提，实证分析是理论分析的提炼与升华。本书对首先对长江经济带绿色发展与水环境制约因素进行相关理论分析，其次采用长江经济带 11 省市的相关数据，针对长江经济带绿色发展水平现状、绿色发展潜力、水环境安全、水资源承载力、水资源利用效率、水环境管理实施效果等构建评价指标体系，进行实证分析。

4. 定性与定量相结合的研究方法

本书采用定性研究方法对研究过程进行分析，例如一些不易量化的问题，而大多数问题以定量分析的方法进行分析与处理。采用定性分析的方法提出研究框架，为定量分析奠定理论基础，然后从以下几个方面进行定量分析：第一，运用 PSR 模型构建长江经济带省域经济绿色发展指数，分析长江经济带各省市目前的绿色发展现状，结合绿色发展的内涵构建绿色发展潜力评价指标体系，比较分析长江经济带绿色发展潜力；第二，运用 PSR 模型构建水环境安全评价指标体系，构建长江经济带水环境安全评价突变模型分析长江经济带水环境安全问题；第三，采用经验公式法构建长江经济带沿线省市水资源承载力估算模型和水资源承载力等级评价模型，分析长江经济带沿线省市水资源承载力的差异；第四，采用 DEA 方法构建经济发展水资源利用效率衡量模型，结合长江经济带 9 省 2 市的实际情况分析目前经济发展中水资源利用问题；第五，依据 PSR 模型，从污染排放强度、水质改善效果以及资源利用和污染减排效率三个方面，建立水环境管理政策实施效果评价指标体系并进行量化评估，分析存在的问题。

四、技术路线

基于上述研究前提、思路和方法，本书所遵循的技术路线，如图 1-2 所示。

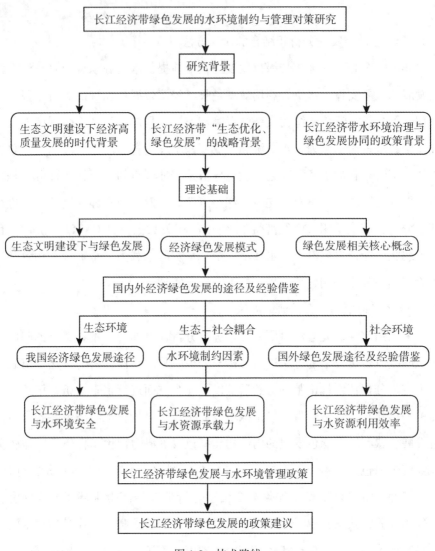

图 1-2 技术路线

第二章 国内外经济绿色发展的模式与经验

第一节 国外经济绿色发展模式

我国在探索绿色发展道路的过程中,分析和总结国外发达国家在绿色发展中的经验,汲取对我国有借鉴意义和实用性的政策和措施显得尤为必要。本章将以欧洲、美国和日本等国的绿色发展探索为研究对象,介绍欧美及日本绿色发展的发展历程,对其政策进行总结,并借鉴其经验。

一、欧盟经济绿色发展模式

欧洲地区是工业革命的发源地,工业革命的发展一方面促进了生产力的提高、经济的繁荣;另一方面也给全球带来了严重的环境污染和能源过度消耗的问题。因此,不论是出于责任担当考虑,还是迫于全球环境恶化的压力,欧盟各国都在积极推行"绿色新政"以及发展"绿色经济"。在推行"绿色新政"的过程中,欧盟认识到能源部门是清洁经济增长和向更可持续、更绿色的经济过渡最重要的一个要素,实现经济绿色发展要以减少温室气体、硫氧化物的排放和发展可再生能源为目标[1]。围绕经济绿色发展这一主题,欧盟从战略规划、金融支持、技术创新和配套政策四个方面采取了一系列措施。

(一)积极的战略规划

在战略规划上,2007年,欧盟发布了战略能源技术计划(SET-Plan)的技术

---

[1] Zofia Wysokińska. Transition to a Green Economy in the Context of Selected European and Global Requirements For Sustainable Development[J]. Comparative Economic Research, 2013, 16 (4): 203-226.

路线图和加大低碳技术开发投资的决定,并对风能、太阳能、电网、生物能、碳捕获与封存(CCS)、可持续核能等领域的技术开发、部署、研究、实施、投资等一系列措施上取得的成果进行了详细的规划。2008年爆发了全球金融危机,不仅摧毁了欧洲国家经济和社会20年进步的成果,也暴露了欧洲生产率低下、产业研究与创新方面投资欠缺等问题,这使得欧盟更加积极制定战略,加速向绿色经济转型[1]。同年,欧盟通过了《欧盟2020年碳排放协议》,要求欧盟各国到2020年温室气体排放量相比1990年削减20%,可再生能源消费占能源消费总量的20%,能源效率提高20%,到2010年6月,《欧盟2020战略》被正式通过。

(二)强大的金融支持

在金融方面,欧盟对环保事业的发展尤其是对绿色、清洁能源的推广使用给予了强有力的资金支持。在全社会还没有对新型绿色能源普遍使用以前,推广新能源的使用将使企业面临成本较高的难题,因此,欧盟为了实现绿色发展的目标,对环保事业加大资金投入,对使用绿色能源的企业进行财政补贴,减少企业负担,使企业主动使用新型绿色能源。1992年,欧盟开始实施环境与气候变化计划(LIFE),该计划到2013年资助了环境研发与创新项目3700多个,并计划在2014—2020年拨款34.5亿欧元支持相关项目。2009年,欧盟委员会宣布到2013年要投资1050亿欧元用于"绿色经济"发展,其中640亿欧元用于支持技术创新研发、落实和执行环保的法律法规,280亿欧元用于改善水质和处理废弃物,130亿欧元用于开发推广使用清洁能源。

(三)鼓励技术创新

技术创新是实现经济绿色发展的核心手段。欧盟十分重视技术创新在经济绿色发展中的作用,希望通过技术创新转变原有依靠高碳能源消耗的产业结构,减少温室气体排放,改善环境质量。依赖石油能源的交通运输业是造成环境污染的主要渠道之一,因此欧盟重视电动汽车的研发,提出综合运用信息与通信技术,积极研究智能脱碳运输模式。如法国投资4亿欧元研发清洁能源汽车和"低碳汽车",开发混合电动汽车及混合动力技术。德国2009年宣布电动汽车行动计划,

---

[1] 谷树忠,谢美娥,张新华,著.绿色转型发展[M].杭州:浙江大学出版社,2016.

预计2020年达到100万辆电动汽车,并在2011年成立"国家电动汽车平台"(NPE),其中技术部主要工作为研发储能技术、并网技术、动力技术(如电汽车驱动组件)。另外,德国还大力发展工业生态技术、生物除污技术、二氧化碳埋深技术、包装废弃物处理技术等,在风能、太阳能利用技术上处于全世界领先地位。

(四)完善的配套政策

在配套政策方面,欧盟主要是设立严格的排放标准,执行税收与污染赔偿政策。北欧的芬兰、瑞典、丹麦、荷兰从20世纪90年代开始征收碳税,德国在1990年实施碳税,法国在2009年征收碳税,丹麦还对汽车生产以及汽油、机油、柴油的购买另外征收环保税。1999年,德国开始生态税改革,计划用5年时间渐进式提高税率,广泛执行外包装退还保证金制度、企业排污保证金可退还制度、对生产厂商与消费者征收排污费制度。相应的配套政策还有2009年欧盟的"欧V"汽车尾气排放标准,"谁污染谁付费"的水污染赔偿制度。

(五)基于生态现代化方法的经济绿色发展

在基于生态现代化方法的经济绿色发展理论研究方面,Tarnawska(2013)对生态创新在绿色经济转型中的作用和欧盟成员国生态创新绩效的现状进行了理论分析,认为生态创新仍然是绿色增长和提高资源利用效率的基本来源[1]。Chofreh(2014)研究发现,企业在绿色转型中并没有充分整合与可持续性相关的数据并用于决策,为了解决这个问题,组织需要信息系统等创新技术来促进他们的可持续性计划推进,因此提出了可持续的企业资源规划(S-ERP)系统作为支持可持续发展计划的解决方案[2]。Yong(2016)认为,使用清洁能源是确保清洁生产,特别是减少温室气体和其他污染物排放的基础,并介绍了在更有效的能源、更清洁的燃料和生物燃料的使用、清洁生产、二氧化碳捕获、优化和废物管理方面的主要

---

[1] Katarzyna Tarnawska. Eco-Innovations-tools for the Transition to Green Economy [J]. Economics and Management, 2014, 18(4): 735-743.

[2] Abdoulmohammad Gholamzadeh Chofreh, Feybi Ariani Goni, Awaluddin Mohamed Shaharoun, et al.. Sustainable Enterprise Resource Planning: Imperatives and Research Directions[J]. Journal of Cleaner Production, 2014(71): 139-147.

经验:

①继续集中发展低排放和废水处理技术,作为清洁生产和消费系统的基础;

②结合周边地区或周边国家的生产和消费,开发自给自足的区域系统,并将其与周边地区或周边国家相结合;

③在区域和国际贸易伙伴之间建立虚拟碳和虚拟水的共享机制和市场份额[1]。Cristea(2017)以代表性的能源指标为基础,探讨了在罗马尼亚经济活动和人口结构变化方面采取绿色能源经济的必要性。其所使用的数据是主要的能源指标(二氧化碳排放、温室气体排放、可再生能源消耗和生物燃料的消耗)、经济的能源强度和人口数量指标[2]。Jonas(2017)研究了赫尔(英国)和布来梅港(德国)两个海港城市中,城市发展环境政策(NEPUD)对城市发展的作用,强调了例如气候变化条例等环境政策,为某些结构上处于劣势的城市提供了吸引"绿色工作"并改变其外部形象的机会[3]。

(六)基于"去增长"思想的经济绿色发展

在基于"去增长"的经济绿色发展理论研究方面,Le(2011)指出,尽管绿色经济在国际和国家政策计划和机构中很受欢迎,但作为可持续性的途径,它的有用性和适当性可以被质疑[4]。Bauhardt(2014)也认为持续的经济增长并不能使所有人获得更大的繁荣,而是会导致更大的社会不公和个人不满、健康问题、社会紧张和生态危机的增加[5]。如 Lorek(2014)提出绿色经济更注重效率和创新,而

---

[1] Yong Jun Yow, Klemeš, Jiří Jaromír Varbanov, et al.. Cleaner Energy for Cleaner Production: Modelling, Simulation, Optimisation and Waste Management[J]. Journal of Cleaner Production, 2016(111): 1-16.

[2] Cristea M, Dobrota C. Green Energy for Sustainable Development in Romania's Economy[J]. Revista de Chimie, 2017, 68(6): 1473-1478.

[3] Jonas Wurzel Rudiger, et al.. Climate Change, the Green Economy and Reimagining the City: the Case of Structurally Disadvantaged European Maritime Port Cities[J]. Erde, 2017, 148(4): 197-211.

[4] David Le Blanc. Special Issue on Green Economy and Sustainable Development[J]. Natural Resources Forum, 2011, 35(3): 151-154.

[5] Christine Bauhardt. Solutions to the Crisis? The Green New Deal, Degrowth, and the Solidarity Economy: Alternatives to the Capitalist Growth Economy from an Ecofeminist Economics Perspective[J]. Ecological Economics, 2014(102): 60-68.

对效率、创新和技术解决方案的依赖导致我们进入了一个恶性循环,"技术创新能力提高,能源和材料的使用效率提高,经济增长,能源使用随之增加"。短期环境救济措施不能保证实现布伦特兰定义(WCED,1987)的可持续发展标准[1]。还有Mundaca(2016)针对旨在促进区域性"绿色能源经济"(GEE)转型的政策组合进行了实证分析,分析了与GEE相关的指标的短期与长期发展趋势,结果都表明人均收入增长(或人口增长)在一定程度上是向"GEE"转变的主要障碍,效率的相对提高并没有抵消经济活动不断增长的负面影响,这一因素本身就是一个对GEE转型的障碍[2]。

二、英国经济绿色发展模式

工业革命以来,经济发展与环境资源约束成为全球矛盾问题,英国作为最早开始工业革命的国家,环境污染状况不容乐观,因此最先在1989年提出"绿色经济"的概念:指从社会发展及其自然生态条件出发建立的"可承受的经济",即自然和人类能够承受的、不因人类过分追求经济增长而导致生态失调与社会分裂、不因资源短缺而影响经济持续发展的一种新型经济发展模式。绿色经济与低碳经济、循环经济、生物经济等同样都是可持续发展的一种途径,都是与协调经济、环境和社会共同发展的理想相契合的。但是他们强调的内容有所不同,循环经济和生物经济是以资源为中心,而绿色经济承认所有生态过程的支撑作用,绿色经济是一个"保护伞"概念,包括循环经济和生物经济概念(如生态效率、可再生能源)的要素,以及其他概念[3]。

(一)低碳经济与经济绿色发展

2003年2月24日,英国发表的《我们未来的能源——创建低碳经济》的白皮

---

[1] Sylvia Lorek, Joachim H, Spangenberg. Sustainable Consumption Within a Sustainable Economy-beyond Green Growth and Green Economies[J]. Journal of Cleaner Production, 2014(63): 33-44.

[2] Luis Mundaca, Anil Markandya. Assessing Regional Progress Towards a 'Green Energy Economy'[J]. Applied Energy, 2016, 179(C): 1372-1394.

[3] D'amato D, Droste N, Allen B, et al.. Green, Circular, Bio Economy: a Comparative Analysis of Sustainability Avenues[J]. Journal of Cleaner Production, 2017(168): 716-734.

书，首次提出"低碳经济"的概念，并将低碳经济发展模式作为绿色经济发展战略的主要机制。2009年7月15日，英国发布了《低碳转型计划》和《可再生能源战略》文件，标志着英国国家层面的"绿色新政"文件正式发布。

在立法方面，英国作为积极推动低碳经济发展的国家，2001年率先在税法中规定了气候变化税的征收，主要是依据高碳能源使用量对相关部门征税，对使用生物能源、清洁能源和可再生能源的企业进行税收减免，以此达到节约使用高碳能源，推广新型绿色能源使用的目的[1]。2007年英国的《建筑能源法》要求2013年以后所有公共支出的项目、住房必须实现零能耗，2008年颁布实施的《气候变化法案》为英国温室气体的减排设置了目标，要求到2050年达到减排80%，相关法律的发布保证了英国实现低碳减排、降低温室气体的目标。

在财政支持方面，英国也是第一个将"碳预算"纳入政府预算框架的国家，在与低碳经济相关的社会各产业中追加"绿色"投资，不仅可以缓解环境问题，反过来通过低碳经济的发展也可以达到增加就业、促进经济发展的作用，在一定程度上可以帮助国家走出金融危机[2]。2001年，英国投资设立"碳基金"，支持低碳技术研发。2005年，英国率先建立了3500万英镑的小型示范基金及绿色投资银行。2009年专门从财政预算中拨出4.05亿美元支持绿色产业、绿色技术研究。2010年英国政府表示将投资约30亿英镑发展低碳技术[3]。

在技术创新方面，英国在向低碳产业转型中，通过对生产工艺进行技术创新，对二氧化碳的三个隔离途径进行过程控制，不断改进传统高耗能高排放的生产方法，减少高碳能源的使用，减少碳排放强度，形成低碳绿色生产模式。2005年发布《减碳技术战略》《用于化石燃料的碳减排技术发展战略》，对低碳技术发展做出宏观规划。2006年制定了新的"二氧化碳减排计划"，用以代替原来的"清洁化石燃料计划"，进一步支持低碳技术创新与研发成果的商业化。2007年英国建立了第一个二氧化碳捕捉与封存技术的大规模示范性项目来减少空气中的二氧化碳排放，预计到2014年实现约90%的二氧化碳捕获与封存。

---

[1] 宋晓华，郭亦玮，著. 中国绿色低碳经济区域布局研究[M]. 北京：煤炭工业出版社，2011.

[2] 张洪梅，编著. 绿色经济发展机制与政策[M]. 北京：中国环境科学出版社，2017.

[3] 李双荣，郗永勤. 英国支持低碳技术创新实践对我国的启示[J]. 海峡科学，2011(9)：56-57.

(二)循环经济与经济绿色发展

1990年,"循环经济"一词最先在英国环境经济学家珀斯和特纳的《自然资源和环境经济学》一书中出现。1996年英国首次成立环境局,并于同年10月开始征收土地填埋税,如此,环境成本被纳入国民经济核算体系。

英国从循环经济角度制定了一系列法律法规,如《污染预防法》(1974)、《废物管理许可法》(1994)、《环境法》(1995)、《污染预防法》(2001)等,尤其是《环境保护法》,强化了废弃物整个生命周期的管理,尤其是在源头上,改良产品的工艺设计,防治并加强了废弃物减排、资源的有效和重复利用等循环经济理念。

另外,促进循环经济发展的政策与措施一般有两个方向:一是强化对废物生产及运输的过程控制,并在英国各地实行新的废物管理体系,增加用于废物分类与回收的基础设施建设投资,从而增加废弃物的重复利用率;二是制定环境保护税,如开始实行垃圾税、燃料税、车辆消费税、购房出租税和气候变化税等各种税收种类与经济手段;三是在企业层面全面推行清洁生产,限制各类污染物的产生与排放,加强了废弃物的回收、管理和循环再利用;四是英国设立了专门的执法机构,其中涉及贸工部和环境部两个部门,含有清洁生产和环境保护两大方面[①]。

(三)经验借鉴

首先,宏观政策的导向作用非常重要,需注重政府宏观政策的导向作用。根据环境经济学的理论可知,环境具有外部性的特点,没有人愿意对日益恶化的环境问题负责,导致环境资源作为公共产品被过度消耗,资源与环境破坏严重。在这种客观因素下,要想解决环境问题就要依赖于政府的作用。政府在战略规划、法律法规、标准体系、配套政策、调节市场机制上提供保障。通过将绿色经济编制进战略规划,使绿色发展上升到国家战略层面,制定绿色发展路线图,调整发展方式,层层把关,明确在绿色发展过程中各级政府以及个人的目标与责任。完

---

① 苗泽华,彭靖,苗泽伟. 德日美英等发达国家循环经济模式的比较研究与启示[J]. 石家庄经济学院学报,2015(3):38-43.

善法律法规及标准体系,如英国的《气候变化法案》,德国的《能源节约法》《排放控制法》《废弃物处理法》,通过法律法规等强制性手段使绿色经济发展法制化、秩序化,明确规定生产者和消费者的责任与义务,扭转目前对待环境问题事不关己的现状。制定税收补贴与减免政策,对可再生能源与清洁能源进行财政补贴,根据排污量对企业或个人征收排污费。

其次,解决环境问题既要发挥政府的主导作用,也要发挥市场的调节作用。从新古典主义经济学与环境经济学出发,认为环境问题是由于对自然资源的低效利用和对自然资本的低估,一旦社会作为一个整体获得了正确的价格(反映了外部成本),自然资源的不可持续利用就会停止,经济增长和资源的可持续利用便可以同时实现①。我国在发展绿色经济的具体实践上,可以学习英国及欧盟的相关经验,提高资源利用效率,通过金融支持、环境监管、技术创新、清洁生产等手段节约资源,提高能源利用率,减少污染物排放。使用清洁能源,通过清洁生产的过程从源头上解决环境污染问题,然而目前我们面临的困难是没有核心的清洁技术,也缺乏对技术创新的激励措施,因此需要政府通过金融与财政措施支持对技术创新的研究,例如可以学习欧盟的"碳基金"、二氧化碳税、排污费等的制订,还需要从个人生活方面提倡低碳生活,减小自然环境对经济、人口增长的压力。

最后,要注重协调好经济和自然系统的关系,实现两者友好公平发展。从生态经济学角度出发,经济被定义为自然的子系统,自然限制了经济的无限增长。因此社会必须相应地调整其经济系统,使其与自然环境协调发展,通过实现经济"去增长",使得人们的生活从只注重财富累积和过度消费的生态高成本方式转变为一种环境友好的有节制但富足的生活方式。这里的"去增长"不是指停止发展或者逆发展,而是寻求一种适宜且公平的经济发展速度,具体可以以调整价格机制为手段,使经济增长与自然之间相协调,并且经济增长所带来的效益与所承担的环境责任要在区域、人与人之间公平存在。

---

① Droste N, Hansjürgens B, Kuikman P, et al.. Steering Innovations towards a Green Economy: Understanding Government Intervention[J]. Journal of Cleaner Production, 2016(135): 426-434.

三、美国经济绿色发展研究

(一) 美国经济绿色发展模式

1. 环境管理体系的形成

美国的绿色经济发展战略由 2009 年奥巴马上台后提出,虽然相比于英国对绿色经济的认识较晚,但美国的环保之路很早就开始了。美国是从 1948 年颁布《水源污染控制法》开始正式介入环境保护,此后 1955 年又颁布了《空气污染控制法》,不过当时正处于各工业强国倾尽全力发展经济时期,环境问题也大部分来源于工业污染,并且环境保护刚刚起步,因此美国与欧洲国家一样,都是走先污染后治理的路子。1970 年 7 月,尼克松批准成立美国国家环保局(EPA),标志着美国开始形成完善的环境管理体系[①]。同时在几年内美国颁布了一系列法规,如 1970 年的《国家环境政策法》首次以法律形式规定项目开展前要进行环境评价;1972 年的《清洁水法》要求各州开始形成统一的水标准,是美国水环境管理中一个重要的里程碑;1980 年,美国国会通过《综合环境反应、补偿和责任法》,指出"谁污染谁负责"的治污措施,试图减小环境外部性问题的弊端。1987 年,世界环境与发展委员会在《我们共同的未来》报告中提出"可持续发展"这一概念,环境管理目标由最初简单的污染治理上升为实现环境在内的社会各系统的协调可持续发展。虽然环境管理体系形成伊始,美国政府对环境管理工作依然十分重视,制定实施了一系列环保政策,在多个部门合作下采取了法律和政策、科技和工程、宣传和教育等措施来完善环境管理体系,如 20 世纪 90 年代应用日渐成熟的排污权交易机制,2009 年《美国清洁能源安全法案》提倡的清洁能源使用技术等[②][③]。

2. 转变经济发展方式

2009 年 1 月,奥巴马在美国首次提出发展"绿色经济",同时由于美国金融

[①] 邬乐雅,曾维华,时京京,等. 美国绿色经济转型的驱动因素及相关环保措施研究[J]. 生态经济(学术版),2013(2):153-157.

[②] 张亮. 促进我国经济发展绿色转型的政策优化设计[J]. 发展研究,2012(4):44-46.

[③] 杨宜勇,吴香雪,杨泽坤. 绿色发展的国际先进经验及其对中国的启示[J]. 新疆师范大学学报(哲学社会科学版),2017,38(2):18-24.

业受 2008 年全球金融灾难的沉重打击,此次美国的崛起不再依靠金融业为主体的危机产业,而是选择了绿色能源产业,其经济体量大、存量价值高、内部需求强健,对 GDP 的拉动强,因此绿色经济逐渐成为经济转型的新亮点。奥巴马政府还提出积极从绿色大气、绿色农业、绿色汽车、绿色建筑、绿色电力等方面实现绿色发展[1]。2009 年 2 月,美国出台《美国复苏与与再投资法案》,计划投资总额 7870 亿美元,主要用于开发新能源、节能增效和应对气候变暖等方面。并在 2008—2010 年经济大萧条期间颁布了大量绿色经济刺激措施,这些措施可分为三大类:①能源效率方面:支持节能建筑、节能汽车、公共交通和铁路、改善电网传输;②低碳能源方面:支持可再生能源(地热、水力、风能、太阳能)、核能使用与碳捕获和封存技术开发;③水、废物和污染控制方面:对水、废物和污染管理和控制的支持,包括水的保护、处理和供应[2]。

3. 初步认识到环境问题

"二战"后,美国经历了最繁荣的经济增长时期,由此带来的环境问题开始出现,1962 年,美国海洋生物学家蕾切尔·卡逊出版了《寂静的春天》,指出乱用农药引起了土地严重破坏,随即引起了人们对生态资源保护的关注。20 世纪 60 年代末,美国经济学家肯尼斯在论文《一门科学——生态经济学》中首次阐述了生态经济学的概念,并提出用市场经济体制的方法控制人口增长、环境污染和协调消费品分配以及资源的开采利用,从此人们开始有了将资源环境状况与经济发展联系到一起的思想,尝试寻找合适的市场经济体制来保证与自然相协调。

4. 绿色经济成为经济发展模式的变革方向

1987 年可持续发展概念提出以后,皮尔斯与沃福德(Wofford)以经济术语表达了可持续发展的定义——发展需要保证当代人福利增加且后代人福利不减少[3]。Porter 在 20 世纪 80 年代提出了竞争优势理论,后来 1991 年提出的绿色竞争力成为国家、地区和企业的核心竞争力,这里的绿色竞争力强调发展的"绿色性"在区域竞争中的地位,它是基于环保、生态、低碳、健康和可持续发展目标

---

[1] 郑立. 美国的"绿色经济"计划及其启示[J]. 中国商界(上半月),2009(7):52-53.
[2] Batabyal. A global green New Deal: Rethinking the Economic Recovery[J]. Choice Reviews Online, 2011, 48(6):1133.
[3] 郑德凤,臧正,孙才志,著. 可持续发展的绿色驱动与约束 基于水与生态系统视角的实证[M]. 北京:经济科学出版社,2015.

的"绿色经济"模式①。20世纪90年代以后,莱斯特指出了经济发展模式的变革方向:以低碳可再生能源和物质再生性利用为特征。可再生能源和物质再生性利用成为美国"绿色经济"发展的具体实践路径②。到1999年,Anderson再次呼吁世界重视绿色经济发展方式。

5. 全社会、全方位推行绿色经济发展

2009年奥巴马执政,提出实行绿色经济发展模式来应对金融危机,"绿色经济"作为"绿色新政"的一部分被提到国家战略层面。之后越来越多学者开始对绿色经济发展的问题进行研究,基本上涵盖了低碳经济、清洁技术、创新研究、循环经济、绿色竞争力等多个方面。如经过研究发现2008—2010年大衰退期间,全球主要经济体将其财政刺激总额的近16%用于"绿色投资",具体用于低碳能源、能源效率、减少污染和材料回收、自然资源保护和环境保护以及其他绿色产业,其中美国绿色投资总额占其财政刺激总额的12%③。Smieja(2017)从行业角度提出要转变当前损害企业、消费者和社会的浪费、低效的线性经济模式,并从Steelcase公司十多年来基于循环经济商业模式的转型经验分析中,提出"绿色化学"是转型的基本要素④。

(二)经验借鉴

1. 完善环境保护相关法律法规

由于环境问题具有公共属性以及外部性,因此单靠市场自我调节机制无法有效配置资源,解决环境问题,而政府可以通过制定法律法规发挥强制性作用对环境进行规制。"绿色经济"要求在生态环境承受范围内与资源约束条件下发展经济,因此各个国家也都制定了一系列环境保护法律法规来牵制经济发展中相关利益主体的活动。以水环境保护法为例,美国1972年颁布《清洁水法》,成为了美国水环境管理的转折点,该法对各州的水标准进行了统一,联邦与各州同时具有

---

① Porter M. Green Competitiveness[N]. New York Times, 1991(4).
② [美]莱斯特·R. 布朗,著. B模式4.0起来、拯救文明[M]. 上海:上海科技教育出版社,2010.
③ Edward B. Building the Green Economy[J]. Canadian Public Policy, 2016(42):S1-S9.
④ Jonathan M, Kaitlyn E. The Intersection of Green Chemistry and Steelcase's Path to Circular Economy[J]. Green Chemistry Letters and Reviews, 2017, 10(4):331-335.

执法权，专门成立了水管理部门，指定了美国环境保护署（EPA）的相关水环境管理责任。而我国环境保护的相关法律法规还有许多不足：首先，体系还不完善，空有法律法规，却缺乏法律法规的执行目标；其次，在具体执行时，各级政府执行部门的责任重叠、错位、冲突，一旦面临经济发展与环境保护冲突，环境治理的决心便会动摇，这都对法律法规的执行起到了阻碍作用。想要解决这些问题，我们可以设置明确的国家战略性目标，从污染后再治理转变为预防污染产生，制订强硬措施，消除地方政府对高污染产业的保护。另外，环境问题一旦产生就没有区域之分，所以各地应当执行一致的污染控制标准，不能有些地区标准宽松，有些地区严格，尽力做到区域公平性。更重要的是，我国还要加强执法监督力度。

2. 以经济手段支持节能增效

发展"绿色经济"过程中，对于新型能源来说，尚未形成自主研发使用的情况，需要政府进行调控，其中资金就是一个最重要的调控与激励手段，经济发达的国家在这方面具有先天优势，而我国作为发展中国家，正处于经济高速增长期，一方面面临发展经济就不可避免要引发环境破坏的问题，另一方面对于治理环境的投资又严重不足。税收、罚款、收费和补贴是美国环境管理中常用的经济手段，具体地，采用税收优惠对使用清洁能源的企业进行补贴，对二氧化碳排放征税（碳税），对限制内的排污收费，对超限的排放按量罚款，这些也是许多国家常用的经济手段，具有一定的积极作用。但是在具体实行中也需要注意一些问题：①需要逐步淘汰对环境有害的补贴，如化石燃料、农业、用水和运输补贴等，有害补贴使碳基资源价格相对价低，不利于向清洁能源转变，补贴一旦形成会造成大量资金耗费，对于发展绿色经济无疑是一种障碍；②财政资金应该更多用在建立绿色经济创新和投资基金（GEIF），为私人绿色研发和投资提供必要的公共支持①。

因此我国在借鉴国外经验时需要取其长避其短，逐步取消和合理化补贴，建立基于市场的有效工具。2017年之前我国一直采用收取排污费的经济手段，在几十年的使用过程中发现排污收费制度存在以下几点不足：①排污费征收标准过低，不足以弥补政府对企业造成污染的治理费用，仍然相当于企业污染、政府

---

① 胡霞. 有害环境的补贴政策研究[D]. 杭州：浙江大学，2007.

"买单";②由于计量规范问题,污染物排放量计算不准确,费用的评估不合理;③部分污染物还未被记入收费类目;④费用收缴率不高,排污费收取未落实到位。相反,而环境保护税作为一种国家财政预算内的规范化手段,对征收标准、征收对象、征收类目规定明确,避免了地方政府在执行污染收费时自主决定程度过高、对经济贡献高的企业环境管理不到位的弊端[1]。

3. 合理利用制度措施约束企业行为

排污权交易机制最早就是来源于美国,后来被多个国家作为一种控制污染排放的市场机制。1990年美国制定《清洁空气法》,在全国电力行业中规定了实行 SO、SO_2 的排放许可证交易计划,该机制运用市场的优胜劣汰,自主留下那些以低成本实现减少污染物排放的企业,也避免了政府使用强制手段对污染物排放进行征税的不足。排污权交易制度与排污收费制度都是基于市场调节的环境污染管制工具。从污染源的角度而言,排污收费制度事先规定排污价格,让市场根据价格确定排污量;而排污交易制度则首先限制了排污总量,让市场根据竞争确定排污价格,因此更符合市场运作规律,能够更有效促进企业开发引进污染防治技术,选择治污而非排污,是一种事前防控工具[2]。另外,环境押金制度对约束企业相关环境行为也具有一定积极作用,它是指对具有潜在污染的产品在生产或销售时,依据政府要求强制额外预收一定费用,待产品废弃物被送还时即予返还的制度,环境押金制度实际上是一种垃圾排放"税(费)和补贴"相结合的手段[3]。

四、日本经济绿色发展研究

(一)日本经济绿色发展模式

1. 绿色经济的兴起

"二战"过后,日本经济受挫严重,为了尽快恢复经济,日本经历了一段高

---

[1] 王姝欣. 从排污费到环境保护税分析我国环境保护举措的演变[J]. 环境与发展, 2018, 30(1):15, 17.
[2] 王欢欢. 从排污收费到排污权交易:水流域污染物排放治理工具的比较与变革[J]. 福建建设科技, 2016(6):86-87, 90.
[3] 蒋春华. 我国生活垃圾回收再利用环境押金制度的模式选择[J]. 中国软科学, 2016(z1):1-7.

速增长时期，1968年国民生产总值一度仅次于美国，达到世界第二。然而，其发展初期环境污染及生态破坏严重，环境污染引起的四大公害病：富山县痛痛病、熊本县水俣病、新潟县水俣病、四日市哮喘病引起了全世界对环境保护的关注。1969年，在对是否继续高速发展经济的民众意见调查中，人们的态度出现了转变，不再追求牺牲环境来谋求发展的经济增长形式。比较典型的是工业城市宇部1951年成立"宇部市降煤对策委员会"，对煤炭工业产生的污染进行治理①，期间颁布了多项法律法规：《公害对策基本法》《大气污染防治法》《废弃物处理法》等，并在大学、研究机构、企业中启动了绿色环保技术的创新活动，宇部市的治污成果显著，因此还一度形成了有名的"宇部模式"。

2. 绿色经济的发展

到了20世纪70年代中期，日本经济发展进入平稳阶段，政府不再只顾经济高速发展而忽略环境资源问题②，加之1973年以及1978年的两次石油危机对日本留下的历史教训，日本开始探索新型绿色经济发展模式。在能源方面，日本政府要逐渐减少对不可再生资源，尤其是石油资源的依赖，1974年推出了《新能源开发计划》（"阳光计划"），提倡未来要以太阳能作为主要能源使用，同时也要积极开发利用风能、地热能、潮汐能和生物能等新型绿色能源，计划到2000年投入1万亿日元开发绿色能源的采购、输送、储存、和有效利用技术。1979年颁布了《能源节约法》，标志着日本正式开始以法治化手段实施能源节约。在环境保护方面，1991—1992年对《废弃物处理法》进行了两次大规模的修改，明确了企业与消费者责任，颁布了《容器和包装物循环利用法》与《家用电器循环利用法》，提倡对使用过的容器、包装物与废旧家用电器进行无污染循环利用处理。并在OECD建议下确立环境影响评价制度，对一切项目在开展前规定必须进行环境影响评价。另外，随着全球气候变暖与臭氧层破坏加剧，日本也加入了全球环境治理的行列，成为《联合国气候变化框架公约》和《京都议定书》的公约国，在全球范围内开展ODA（官方开发援助）项目，通过对外环境援助的形式参与全球环境治理。

3. 绿色经济的深化

为了响应联合国的可持续发展计划，日本绿色经济逐渐进入深化阶段，20

---

① 廖森泰. 日本发展绿色经济的启示[J]. 中国农村科技，2009(1)：65-67.
② 严兵. 日本发展绿色经济经验及其对我国的启示[J]. 企业经济，2010(6)：57-59.

世纪90年代日本提出创建"循环社会"设想,开始由被动治理污染转为主动防止污染产生。1995年,世界银行提出用"绿色GDP"核算各国实际财富,日本最先实行,在实现的经济增长中扣除环境污染、生态破坏、资源损耗的成本,增强了企业与全民对经济增长的正确认识,促进生产者与消费者绿色经济行为的形成。2009年金融危机席卷全球,发达国家纷纷寻找新的经济发展模式来应对危机,日本为减少温室气体的排放,实现"传统经济社会"向"低碳绿色经济"和"新型低碳社会"的转变,发布了《绿色经济与社会变革》草案[①]。

另外,在企业层面,将节能、循环利用原料和能源作为核心竞争力,实行"碳足迹"政策,将生活中所使用的产品的每个生产过程中的碳排放量进行标明。在消费者层面,采取"环保积分制",提倡绿色消费,鼓励购买环保型产品,在财政上大力支持,将50%以上的节能减排专项预算资金用以补贴购买环保产品的消费者,同时加强生活用品的回收工作,全民上下一起致力于建设循环绿色经济。在国际层面,不断加强交流与合作,例如日本为支持发展中国家应对气候变化问题在世界银行设立了专项气候资金。2009年,日本-欧洲能源技术开发研究合作会议在日本举办,本次会议使得能源技术在国际共享。

(二) 日本经济绿色发展理论研究

20世纪90年代之前,环境与经济产生矛盾的解决办法一般是先污染后治理或是迫于环境问题而放缓经济发展,总之要在两者之间做出取舍。20世纪90年代后,日本响应全球可持续发展的大趋势,在1998年正式确立"循环经济"战略。吉野敏行(1996)对发展循环经济的具体实践途径、选择循环经济的必要性、相关政策制定三个方面的理论进行了分析。日本学者细田卫士(2003)在其著作《循环型社会制度与政策》中表述了循环型社会的特征,首先是经济活动不能超过生态系统承载力,其次不仅要有机械生产还要有有机生产,最后是整个社会要将节俭作为习惯[②]。2004年,在佐治亚州海岛举行的八国峰会(海岛峰会)上小泉纯一郎提出了"3R"的倡议,提倡减少废弃物产生、重复利用、再生利用三种循环方

---

① 董立延. 新世纪日本绿色经济发展战略——日本低碳政策与启示[J]. 自然辩证法研究, 2012, 28(11): 65-71.

② 细田卫士, 室田武. 循环型社会的制度与对策[M]. 日本: 岩波书店, 2003: 28.

式,得到了各与会国首脑赞同①。我国作家李岩评论:日本从传统线性经济增长模式向循环经济转变,是发觉了全球经济发展的新契机,顺应了持续发展的世界潮流②。

政府推进循环经济或是绿色经济的最重要手段就是通过制定和实行相应政策。大阪大学的伴金美教授利用经济模型分析了环境政策对经济的影响,在研究中,作者针对政策所要达到的目标的时间、空间角度构建了动态型CGE(可计算的一般均衡)模型、计量经济模型和产业关联模型,通过三个模型评价环境政策对环境以及经济发展的影响。其中动态模型的结果表明,二氧化碳削减政策由于升高了二氧化碳排放价格,使公司积极投资开发新能源,失业率下降,环保产品消费趋势增长,对经济发展起到了促进作用③。滋贺大学的佐和隆光校长研究了面向低碳社会的各种经济政策的短、中、长期实施效果,并用定量的方法,通过具体分析气候变动缓和政策(环境税、排放交易、机动车税的附加减轻措施、对节能产品的补助优惠税制等)的经济影响,证明了政策的实施将成为今后全球经济增长的动力。

(三)经验借鉴

1. 硬力量:法律法规、政策制度

法律法规以及相关政策制度是每个国家应对环境与经济协调发展问题的必要措施。日本制定的法律法规目标明确、层次分明。最初日本对环境保护产生关注就是由于"四害"事件,政府制定了一系列公害规制法,来防止公害发生并补偿公害造成的损害,如《大气污染防治法》《水质污浊防治法》《土壤污染对策法》《公害健康被害补偿法》和《公害对策基本法》。1955年日本经济开始从战后影响中恢复过来,进入高速增长期,第二产业经济占比远远超过第一产业,环境破坏严重。针对环境保护方面日本制定了《自然环境保护法》《废弃物处理法》等。20世纪90年代建立循环型社会的提议,使日本颁布了大量相关法律,保证循环社

---

① 日本环境省. 亚细亚·太平洋地区3R论坛[EB/OL]. (2015-9-13). http://www.env.go.jp/recycle/3r/.

② 李岩,著. 日本循环经济研究[M]. 北京:经济科学出版社,2013.

③ 伴金美. 经济模式对环境政策的影响评估[J]. 环境研究,2011(TN.161):135-140.

会建设的推进，如《循环型社会形成推进基本法》《容器包装回收利用法》《家电回收再生利用法》《食品废物再生法》《建筑废物再生法》等。日本还有一套综合性环境法，用来对环境情况综合评价，如《环境影响评价法》《化学物质审查规制法》。另一强制措施是通过制度来保证经济绿色发展，比如通过"碳足迹"制度、环保税收、环保积分的绿色消费制度、排放量交易权制度等实现环境成本的内部化。1997年《环境影响评价法》正式问世，日本开始建立环境评价制度，日本对企业的环境影响评价更多的是强调自我评价监督，在企业决定生产内容后将结果在社会上公示，受社会监督。而我国环境评价更注重第三方评价，企业与公民很少有主动承担环境评价与监督的责任意识，评价结果往往以简单的分数或是等级代替，不利于非专业人士理解，从而影响监督效果。

2. 全民参与、研发技术

日本在环境管理中极为重视环境教育宣传和公众参与。最早从1949年设置"宇部市降煤对策委员会"开始，全体市民一致行动，积极着手制定并实施被称为"宇部模式"的独立污染防治对策。1955—1965年日本四大公害事件在全球引起关注后，日本公民对环境问题的维权意识逐渐加强，对政府经济部门施加了巨大压力，甚至可以影响到政府官员的选举结果。随着公民对环境问题话语权的不断上升，企业与政府部门的行为受全民监督，有利于约束政府以损害环境为代价而盲目追求经济增长。一般情况下，人们会认为治理企业污染需要靠高额罚款来约束，事实上日本对违法排污的企业罚款较少，可是由此出现的违法排污企业却并不多见，主要原因是企业一旦出现违法排污现象，政府会对其进行公示，这对企业以后的信用以及经营情况产生的影响大于直接进行罚款，所以日本企业在环境保护方面自觉性很强。日本一方面在全民中进行环境保护意识教育，积极推广绿色经济发展模式；另一方面，对各大研究机构、高校、企业进行环保技术以及新能源开发技术研究的投资，增强技术创新能力。同时构筑环境能源国际合作伙伴关系，促进国际范围内能源技术共享，加强与欧洲美洲等绿色经济发展情况较好的区域交流。

而我国公民对环境问题的态度目前仍处于被动承担阶段。主要原因一方面是对公民环保意识教育不足，其对环境造成的危害维权意识相对薄弱；另一方面是由于环境外部性特点，人们不愿承担自身造成的环境污染责任。单靠国家强制要求会产生执法不严、动力不足等问题，在经济利益驱动下，企业会更愿意交纳罚款而继续违规排放。在具体实践中可以学习日本在社会团体、市民、企业等非政府组织中进行节能环保教育，提供环境建议和信息，增强环境保护意识。

第二节　国内经济绿色发展模式

自从1989年英国经济学家皮尔斯提出"绿色经济"的概念，经济的绿色发展便开始引起人们的关注。虽然经济的绿色发展一直都是实现人与自然、人与人协调发展的重要途径，并且在联合国可持续发展大会明确提出发展"绿色经济"的主题之前，各种可持续的经济发展方式中也都存在绿色经济与绿色发展的理论和思想，只是在不同的时期实现方式有所不同，如从党的十七大之前经济高速发展背景下的清洁生产、环境保护，到党的十七大之后科学发展观背景下的循环经济、低碳经济、两型社会等都体现了发展绿色经济的思想。但是直到党的十八大时生态文明建设背景下的"绿色经济"，我国才首次不止从思想上，更是从实践方式上具体明确了绿色发展的经济手段。

一、高速发展背景下经济的绿色发展

早在20世纪70年代，我国就已经认识到环境与经济发展之间的矛盾，正式开始关注环境保护问题，但是由于这一时期我国经济还比较落后，人们的温饱问题还有待解决，因此不得不优先发展经济，采取西方国家早期"先污染后治理"的环境污染处理方式，这一时期如何解决经济发展带来的环境资源问题是当时"经济绿色发展思想"的体现。

(一)环境保护成为我国一项基本国策

21世纪之前我国主要还是传统的粗放型经济增长模式，环境保护的意识不足，到了1983年，国务院将保护和改善生态环境与生产环境、防治污染和其他公害确定为我国的一项基本国策，到1992年我国国家和地方国民经济和社会发展计划正式纳入环境保护这一目标。20世纪期间环境保护的相关研究大多集中

于探索环境与经济协调发展方面①②,朱德明等(1997)通过分析我国环境资源的人均占有情况、生态环境恶化情况、资源利用的浪费和后备资源储备匮乏等现状,发现导致我国经济增长缓慢同时生态环境恶化的主要原因是我国是以产值、数量、速度为导向的粗放经营;因此改善生态环境质量就要实现经济增长方式由粗放型向集约型的转变③。李敏等(2000)通过对经济与环境协调发展理论的探讨和对我国目前环境与经济协调发展现状的分析,提出了我国需要增强对环境保护效益的认识,积极开辟从粗放经营向集约经营转变的通道,以科技进步为先导,建立资源节约型的集约化国民经济生产体系和环境与经济可持续发展的综合决策机制④。

(二) 市场经济体制下环境保护的新发展

1992年,党的十四大正式提出建设社会主义市场经济体制的决定,环境保护工作迎来了新的机遇。市场经济体制促进了生产效率的提高,利用市场竞争的手段淘汰环境效益差的企业,驱动企业向高效、环保的方向发展。随着我国经济体制的改变,政府、企业和社会公众对环境保护的责任也相应地进行了重新划分,政府不再插手企业生产投资和经营决策;相应的企业和社会的作用会加大,在环境保护中积极引入民间资本,推进环境保护市场化,培育多元化投资环境⑤。环境保护市场化就是要建立与市场经济体制相适应的环境保护机制,在环境管理过程中通过市场调节经济的规律,使市场在环境保护工作中真正发挥社会资源合理配置的主导作用,从治污集约化,产权多元化,运行、服务市场化三个方面推进环境保护市场化,引导社会资源向环境保护流动⑥。市场经济下环境管理需要政府与社会的双重作用,一方面政府积极制定环境保护的相关规划和环境

---

① 吕淑萍. 促进经济与环境协调发展的基本战略[J]. 上海环境科学, 1996(1): 1-4.
② 张嫚. 经济发展与环境保护的共生策略[J]. 财经问题研究, 2001(5): 74-80.
③ 朱德明, 瞿为民. 经济增长方式根本性转变的环境政策效应分析[J]. 环境科学动态, 1997(2): 1-4.
④ 李敏, 韦鹤平, 张勤俭. 关于经济与环境协调发展的思考[J]. 中国人口·资源与环境, 2000(S1).
⑤ 余德辉. 市场经济下环境保护投资体制若干问题探讨[J]. 环境保护, 2001(8): 36-38.
⑥ 宋瑞祥. 我国环境保护市场化问题的思考[J]. 环境保护, 1999(8): 3-5.

法律，加强环境领域的公共服务；另一方面采取市场经济手段，如推行环境领域公共服务使用费制度、改革排污收费制度、引入环境污染税、开展排污交易制度等，同时加强社会公众环境保护意识[①]。

(三)绿色环保产业兴起

为了改善生存环境，遏止环境污染继续恶化，20世纪后期科学规范、社会职能显著、有利于保护环境的环保产业蓬勃发展。国家通过制定法律法规，致力于调整产业结构，淘汰落后产能，以促进产业转型升级，鼓励、支持第三产业发展、环保产业发展和高新技术等产业发展[②]。徐嵩龄(1997)指出，我国环保产业的发展受政府政策、社会经济发展水平、环境消费水平、公众环境意识四个因素驱动，分析了发达国家环保产业的现状及其特征，总结出我国制定的促进环保产业发展的政策主要有两类：一类是有助于加强和促进环保产业发展的具有驱动作用的产业政策；一类是有助于激发环保产业发展的内在机制的政策[③]。王宏英(1999)提出，影响环保产业发展的主要因素包括环境标准与环保政策、社会经济发展水平、公众环境意识、环保市场需求以及技术进步与创新等[④]。张世秋(2000)从产业共性与个性的角度对环保产业发展中的障碍进行分析，认为主要的障碍是市场容量问题以及市场失灵与制度失灵问题，并对影响我国环保产业发展的市场需求、制度安排、科技创新、知识积累等4个因素进行了分析[⑤]。

二、科学发展观背景下经济的绿色发展

从党的十六大到党的十七大，在中国特色社会主义经济发展进程中经济绿色发展有了新的背景，即以科学发展观为指导思想的发展道路。以胡锦涛同志为核心的党中央所提倡的绿色经济与绿色发展思想，是科学发展观的新发展，它们是

---

① 曲格平.论社会主义市场经济下的环境管理[J].中国人口·资源与环境，1999(3)：1-7.
② 简新华，于波.可持续发展与产业结构优化[J].中国人口·资源与环境，2001，11(1)：30-33.
③ 徐嵩龄.世界环保产业发展透视[J].中国环保产业，1997(3)：8-13.
④ 王宏英.论环保产业发展的驱动因素[J].经济师，1999(11).
⑤ 张世秋，王仲成，安树民.中国环保产业发展和理论研究的障碍分析[J].中国软科学，2000(12)：4-7.

对科学发展观的绿色内涵和时代价值的丰富、创新和发展[①]。白瑞[②](2012)等指出,绿色发展思想是以经济发展与保护环境相协调为价值取向的科学发展思想,是科学发展观的应有之义,是生态文明的核心理念,是构建和谐社会的理论指向。

(一)多路径促进经济绿色发展

这一时期,在科学发展观指导下,党中央相继提出走新型工业化发展道路,发展低碳经济、循环经济,建立资源节约型、环境友好型社会,建设创新型国家,始终遵循生态文明等新的发展理念和战略举措。于是经济的绿色发展便依托低碳经济、循环经济、生态经济、资源节约型社会、环境友好型社会等多种概念的新型发展方式来实现,彻底转变经济发展方式,扭转先发展后治理的事后治理理念,从根本上解决环境资源问题。绿色经济的内涵由于实现的路径多种多样也变得丰富起来,经济学家成思危(2010)指出,绿色经济理念包括循环经济、低碳经济、生态经济的综合含义[③]。其中循环经济与低碳经济都属于绿色经济与绿色发展的范畴与形态,在21世纪生态文明与绿色经济的新时代,它们将是中国绿色发展的两大重要引擎[④]。

(二)重点调整产业结构,推广低碳经济

调整产业结构、优化能源结构、实现低碳经济是转变经济增长方式的重要抓手。我国的低碳经济发展之路应立足于基本国情,以法制体系的建立为保障,以创新技术的应用为手段,以环保产业的发展为重点,运用激励政策实现低碳发展[⑤]。其中低碳创新作为从根本上解决城市资源能源制约和经济增长矛盾的一种手段,可以实现在技术研发、产业体系、企业生产、消费模式、制度安排等层面

[①] 刘思华. 科学发展观视域中的绿色发展[J]. 当代经济研究,2011(5):65-70.

[②] 白瑞,秦书生. 论我国绿色发展思想的形成[J]. 理论月刊,2012(7):106-109.

[③] 成思危. 转变经济发展方式,大力发展新能源,向低碳经济转型[J]. 城市住宅,2010(1):50-53.

[④] 刘思华,方时姣. 绿色发展与绿色崛起的两大引擎——论生态文明创新经济的两个基本形态[J]. 经济纵横,2012(7):38-43..

[⑤] 邓舒仁. 低碳经济发展研究:理论分析和政策选择[D]. 北京:中共中央党校,2012.

的全面创新,促进城市粗放增长与高碳排放的工业化发展模式的转变,加快我国城市的绿色转型和生态文明建设之路①。张剑波(2012)强调了低碳经济的发展需要法制保障,在理清低碳经济相关概念的基础上,比较了低碳经济的立法实践,探索并构建了低碳经济的法制体系,在分析了我国低碳经济的法制保障现状后,对我国法制体系的完善提出了合理化建议②。

(三)提高资源利用效率,发展循环经济

循环经济对于调节我国环境保护与经济增长协调关系的重要意义毋庸置疑,许多省市也在积极进行实践。然而,如何衡量循环经济的发展状况还略显不足,因此对循环经济的指标体系与支撑体系构建的研究也是相当迫切③。另外,循环经济的发展需要构筑完善的财税、法律、融资、核算、技术等政策环境,而其中,财税政策又是最有效的政策手段,因此周生军(2007)研究了如何通过优化支出政策、调整税收政策以及协调其他政策来促进我国循环经济的发展④。

三、生态文明建设背景下经济的绿色发展

党的十七大报告中提出:"要建设生态文明,基本形成节约能源资源和保护生态环境的产业结构、增长方式、消费模式。"在此基础上,于2012年11月,党的十八大又将生态文明建设提到战略高度,写入了国家五年规划。党的十九大更是提出要加大生态文明体制改革,建设美丽中国,努力实现人与自然和谐相处的发展模式。生态文明建设背景下的绿色经济涵盖了上一时期各种经济模式的内涵,使经济的绿色发展有了明确的实现方式与落脚点。

(一)绿色经济是实现生态文明的重要切入点

生态文明是从思想上对可持续发展理念的深入认识和发展,绿色发展要实现人与自然、人与人和谐的要求在生态文明的内涵中都有所体现,因此绿色发展是

---

① 陆小成. 我国城市绿色转型的低碳创新系统模式探究[J]. 广东行政学院学报,2013(2):97-100.
② 张剑波. 低碳经济法律制度研究[D]. 重庆:重庆大学,2012.
③ 马世忠. 循环经济指标体系与支撑体系研究[D]. 青岛:中国海洋大学,2006.
④ 周生军. 促进循环经济发展的财税政策研究[D]. 大连:东北财经大学,2007.

在理解生态精神、生态理念和生态平衡内涵的前提下的一种超越传统经济的创新发展模式，它基于生态环境容量和资源承载力的双重约束，其中绿色经济和绿色消费是建设生态文明的重要切入点，有助于我国在获得社会经济必要发展的同时还注重保护生态环境，我们应该在开展绿色经济的过程中，全面地实施生态文明建设[1][2]。强化生态文明教育和理念传播、建立健全生态经济和绿色发展的法律法规和相关体系、注重依靠创新来发展科技、完善生态补偿机制和生态红线的划定，这些在推动我国绿色发展的过程中必不可少[3]。

(二) 生态文明视角下绿色经济的内涵

基于生态经济学的角度，绿色经济概念的变迁经历了三个阶段：单一的生态系统目标阶段、经济-生态系统目标阶段、经济-生态-社会复合系统阶段。但是目前学术界对绿色经济的定义与内涵还未有统一的认识。从经济系统的效率、生态系统的极限和社会分配的公平性角度分别提出了绿色经济的三种发展模式：效率导向型强调提高资源利用效率，减少污染排放；规模导向型强调经济增长必须控制在地球物质极限之内；公平导向型强调要通过社会系统的公平发展调和人类福利和生态保护的冲突[4]。在概念界定上，胡岳岷等(2013)认为循环经济的核心是资源循环利用，低碳经济的核心是低碳减排，绿色经济则更偏向生态环境的安全性[5]。孙鸿烈(2010)认为绿色经济包含生态经济、循环经济和低碳经济[6]。陈健等(2017)评价绿色经济是人类文明发展演进的一个重要历程和崭新阶段，是人类物质精神文明与自然生态文明的有机统一，是通过科技发展使生产、消费、流通、分配各领域拥有既不损害环境，又不损害人的健康，且确保每个人都能公平

---

[1] 牛文元. 经济：生态文明与绿色发展[J]. 青海科技, 2012(4)：38-43.
[2] 李文华. 生态文明与绿色经济[J]. 环境保护, 2012(11)：11-15.
[3] 霍艳丽, 刘彤. 生态经济建设：我国实现绿色发展的路径选择[J]. 企业经济, 2011(10)：63-66.
[4] 唐啸. 绿色经济理论最新发展述评[J]. 国外理论动态, 2014(1)：125-132.
[5] 胡岳岷, 刘甲库. 绿色发展转型：文献检视与理论辨析[J]. 当代经济研究, 2013(6)：33-42.
[6] 孙鸿烈. 什么是绿色经济？[N]. 中国环境报, 2010-6-5.

地享有共享绿色经济发展的机会①。

(三) 实现经济绿色发展的政策制度保障

虽然在全球发展绿色经济的大趋势下,我国也在积极顺应世界潮流,但是在绿色经济发展中仍存在许多难题,如体制机制、科技创新、区域公平、资源压力、环境污染等方面。为解决我国绿色经济发展的难题,诸大建(2015)从国家宏观政策方面讨论了生态文明背景下的我国绿色经济概念,提出了与我国生态文明相融合的绿色经济的战略选择、行动领域和政策支持②。在立法保障方面,周珂等(2016)认为,我国生态文明的建设之道在于绿色发展,而绿色发展的物质基础在于绿色经济,本阶段绿色经济立法应以气候变化、能源和绿色金融三个领域为重点,从生态文明视角出发为我国绿色经济的发展构建起有力的法制保障③。在发展绿色经济的相关措施方面,国家税务总局税收科学研究所课题组对国际和国内的环境税收、绿化税制从提出到目前现状进行内涵与税制体系梳理,提出在我国税制的绿化进程中存在的问题以及构建绿色税制体系的政策建议④。朱婧等(2012)从政府、企业、消费者三个层面探讨了我国绿色经济发展的战略框架问题,政府层面需要建立相关政策法规,健全绿色经济核算,实施绿色 GDP 考核制度,扭转政府绩效考核方式,实现环境价值的货币化,使经济发展向可持续方向发展;企业层面要重视人才科技队伍建设,鼓励自主创新;消费者层面倡导绿色消费⑤。杨发庭(2014)在生态文明建设的视角下,对绿色技术创新制度的现状进行探讨,最后从政策激励制度、现代市场制度、社会参与制度、文化提升制度、法律保障制度等层面论述了构建我国绿色技术创新联动体系的路径⑥。

---

① 陈健,龚晓莺.绿色经济:内涵、特征、困境与突破——基于"一带一路"战略视角[J].青海社会科学,2017(3):19-23.
② 诸大建.解读生态文明下的中国绿色经济[J].环境保护科学,2015(5):16-21.
③ 周珂,金铭.生态文明视角下我国绿色经济的法制保障分析[J].环境保护,2016,44(11):24-27.
④ 国家税务总局税收科学研究所课题组,龚辉文,李平,赖勤学,张水.构建绿色税收体系 促进绿色经济发展[J].国际税收,2018(1):13-17+2.
⑤ 朱婧,孙新章,刘学敏,等.中国绿色经济战略研究[J].中国人口·资源与环境,2012,22(4):7-12.
⑥ 杨发庭.绿色技术创新的制度研究[D].北京:中共中央党校,2014.

第三章 长江经济带绿色发展水平及潜力分析

第一节 绿色发展指数和发展潜力

一、绿色发展指数

(一)绿色发展指数的衡量方法

当前,绿色经济与绿色发展指数的相关研究已经成为国内外专家学者与研究机构的研究热点。尤其是对绿色发展指数的探索内容非常广泛,这里基于研究内容的不同,将绿色发展指数相关的指标测度体系主要归纳为四个方面①,如图3-1所示。

1.侧重经济增长的绿色发展指数衡量

该类指标侧重宏观经济的绿色增长的测度,涵盖了绿色GDP、福利指标、扩展的财富等。20世纪90年代开始,联合国环境规划署以及世界银行、亚洲与太平洋地区经济合作组织(APEC)、联合国统计委员会(UNSC)等国际组织陆续开展了绿色财富、绿色增长、绿色GDP核算等相关研究。总体而言,与绿色GDP相关的理论指标主要有3类。第一类从资源环境与经济的关系角度来研究,Liepert② 等于1987年提出在用GDP衡量经济增长的同时,还应该进行绿色国民

---

① 李晓西,潘建成.中国绿色发展指数研究[C].郑新立,主编.中国经济分析与展望(2010—2011).北京:社会科学文献出版社,2011.

② A Critical Appraisal of Gross National Product: The Measurement of Net National Welfare and Environmental Accounting: Impressions and Reflections in the Wake of Discussions Conducted during a Visit to the United States in May 1985[J]. Journal of Economic Issues, 1987, 21(1): 357-373.

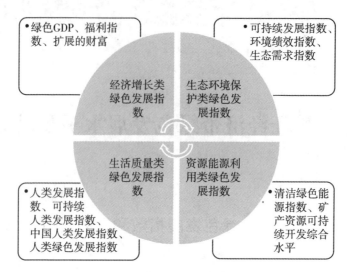

图 3-1　绿色发展指数测度分类图

经济的核算，从经济中剔除由于环境破坏而带来的负增长，认为应该从投资的核算中去除消耗掉的自然资源储备价值。Ropetoo[1]于1992年将资源环境情况考虑到经济的增长中，提出国内生产指标 NDP（Net Domestic Product）。第二类是从经济福利的角度来研究，1989年 Herman E. Dalyl 提出 ISEW（Index of Sustainable Economic Welfare），即可持续性经济福利指标，该指标将由社会因素所造成的损失计入了成本，如医疗支出、失业率和犯罪率等因素引起的损失。进而2013年 Criel[2]编制了1990—2009年佛兰德斯地区可持续经济福利指数（ISEW）；另外，1995年 Clifford Cobb、Ted Halstead 和 Jonathan Rowel 提出了能够测度区域真实发展情况的指标 GPI（Genuine Progress Indicator），即用社会、经济和环境三个账户共同衡量一个国家或者地区的真实经济福利，而 Lawn[3]于2003年研究了支持可持续经济福利指标（ISEW）、真实发展指标（GPI）及其他相关指标的理论

---

[1] Repetto R. Accounting for Environmental Assets[J]. Scientific American, 1992, 266(6): 94.

[2] Brent Bleys. The Regional Index of Sustainable Economic Welfare for Flanders, Belgium[J]. Sustainability, 2013, 5(2): 496-523.

[3] Philip Lawn. A Theoretical Foundation to Support the Index of Sustainable Economic Welfare (ISEW), Genuine Progress Indicator (GPI), and Other Related Indexes[J]. Ecological Economics, 2003, 44(1): 105-118.

基础。第三类是从财富的视角探讨绿色经济，如1995年世界银行提出"扩展的财富"（Extensive Wealth，EW）指标，扩展的财富概念中包含"自然资本""生产资本""人力资本""社会资本"四大组成要素。当前，世界各国的绿色核算方式各有差异，得到普遍认可的绿色GDP核算方式目前有三种，分别是联合国的环境经济账户①（SEEA）、墨西哥的经济和生态核算体系（SEEAM）、荷兰的包含环境账户的国民经济核算矩阵②（NAMEA），然而三者各有侧重，我们亟需探索一个能够全面反映资源环境的GDP核算方式。在绿色GDP核算方面，2001年，国家统计局对全国自然资源进行核算，自然资源的种类有土地、矿产、森林、水资源四种；2004年，基于当前GDP不能真实衡量经济发展状况以及政府官员政绩考核依据不科学的现状，国家统计局和环保总局共同成立绿色GDP联合课题小组，启动"绿色GDP核算体系研究"，完成了《中国资源环境经济核算体系框架》；2006年，我国首次对外发布《中国绿色国民经济核算研究报告》。

2. 侧重生态环境的绿色经济理论及指数测度

侧重生态环境的绿色经济理论和测度指数，主要研究集中在可持续发展指数、环境绩效指标及绿色发展指标建立等方面。20世纪50年代以来，环境问题逐渐受到人们普遍关注，环境问题日益受到人们的重视，生态环境与经济增长之间关系的研究使得侧重生态环境的绿色指数兴起。该类绿色指数主要有两类：与环境影响有关的指数和与生态承载力有关的指数。从1995年开始，联合国可持续发展委员会（UNCSD）依据《21世纪议程》构建了可持续发展指标体系，建立了包含134个指标的"驱动力-状态-响应"框架（DSR），通过该框架可以明确环境压力与环境退化之间的因果关系③。不同的国家关注的重点不同，随后，英国、瑞典、德国、芬兰、美国、丹麦也因此形成了各具特色的国家尺度上的可持续发展

---

① Robert Smith. Development of the SEEA 2003 and its Implementation [J]. Ecological Economics, 2006, 61(4): 592-599.

② Valeria Costantini, Massimiliano Mazzanti, Anna Montini. Environmental Performance, Innovation and Spillovers. Evidence from a Regional Namea [J]. Ecological Economics, 2013(89): 101-114.

③ 黄思铭，欧晓昆，杨树华，等，编著. 可持续发展的评判[M]. 北京：高等教育出版社；施普林格出版社，2001.

指标体系①。

第一类与环境有关的指数研究中最著名的当属美国经济学家 Hall.B.和 Kerr.M.L.②出版的《1991—1992 绿色指数——对各州环境质量的评价》一书,"绿色指数"的概念在该书中首次被提出,其指标体系分为 3 层,其中三级指标共计 256 个,突出了政府在环境质量提高方面所发挥的作用。其他还有耶鲁大学和哥伦比亚大学的研究者首次发布的环境可持续性指标 ES 及环境绩效指数 EPI③ 等。第二类是与生态承载力有关的指数。1971 年,美国麻省理工学院提出了生态需求指标 ERI,用定量的方法测算了经济增长对于资源及环境的压力。加拿大生态经济学家 William④ 提出了生态足迹指标 EF,目的在于评估人类经济活动对于环境和承载力的影响。我国在可持续发展指标体系上由国家和地区政府部门推进,立足于各自的部门特点和发展阶段提出了指标体系。其中,由科技部组织的"中国可持续发展指标体系"共涉及 296 个指标,中科院可持续发展研究课题组提出了涵盖资源、发展、经济、环境和管理五个方面的指标体系,来衡量可持续发展的程度。

3. 侧重资源能源的绿色经济发展的测度

侧重资源能源的绿色经济理论和测度指数中具有代表性的包括全球替代能源指数⑤等。资源承载力、能源和能源消费结构的研究是资源能源的绿色指数相关研究的两个主要方面。美国研究机构 Clean Edge⑥(2010)发布了纳斯达克清洁绿色能源指数 CELS,Greg Rothstein 阐述了 24 个能源指标,并基于该指标对美国华盛顿的能源消耗情况进行了评估。在矿产资源方面,骆正山⑦(2005)为了反映矿

---

① 李天星. 国内外可持续发展指标体系研究进展[J]. 生态环境学报,2013(6):1085-1092.

② Susan L, Bryan J, Boruff W, et al.. Social Vulnerability to Environmental Hazards[J]. Social Science Quarterly, 2003, 84(2): 242-261.

③ 2005 Environmental Sustainability Index: Benchmarking National Environmental Stewardship[R]. Yale Center for Environmental Law & Policy Yale University, 2005.

④ James Boyd, Spencer Banzhaf. What are Ecosystem Services? The Need for Standardized Environmental Accounting Units[J]. Ecological Economics, 2007, 63(2): 616-626.

⑤ Feinberg, Phyllis. S&P Acquires Global Indexes of Citigroup [J]. Pensions and Investments, 2003, 31(25): 16.

⑥ Ron Pernick, Clint Wilder. Clean Tech Revolution: The Next Big Growth and Investment Opportunity 2007[M]. Harper Business, 2007.

⑦ 骆正山. 矿产资源可持续开发评价指标体系的研究[J]. 金属矿山,2005(4):1-3,16.

产资源可持续开发的综合水平,提出了一套矿产资源评价体系,包含资源开发利用水平、经济发展水平、社会发展水平、环境保护水平和智力支持水平等指标;在能源可持续发展评价方面,苗韧[1]等在分析了我国能源系统各环节特点之后,在综合考虑经济社会、资源环境、技术进步、政策影响等因素的基础之上,提出了针对能源可持续发展的情景分析和量化评价方法;在土地资源方面,罗攀[2]构建了县域土地资源可持续利用评价指标体系,由目标层、准则层、指标层以及亚指标层四个层次构成,由生产性、安全性、保护性、经济性和社会可接受性五个方面和38个指标组成,陈轩昂(2013)从区域层面出发,以常州市为例,构建了土地资源综合监管体系。在侧重资源能源方面的绿色发展指数方面,刘晓洁[3]等建立了包括4个层次、39个指标的资源节约型社会综合评价指标体系,并利用该指标体系对1990—2004年全国的资源节约状况进行了综合评价。于成学[4]等构建了用于资源开发利用对地区绿色发展的影响评价模型,从资源环境、自然资源和环境政策与投资三个层面构建了指标体系,希望能反映资源开发利用对地区绿色发展的影响状况。

4. 侧重生活质量的综合绿色发展测度指数

以上三个方面是建立绿色发展测度指数通常会考虑的方面,而如今随着人类生活水平的提高,国外对绿色指数的研究内容逐渐广泛,开始包含生活质量方面。联合国开发计划署在《1990年人文发展报告》中提出人类发展指数HDI[5]。近年来,人类发展指数的研究一直有新的进展。周恭伟[6]在UNDP创建的HDI三个维度基础上,根据我国人类发展的特点,增加脱贫和公平维度,构建了我国人类

---

[1] 苗韧,周伏秋,胡秀莲,等.中国能源可持续发展综合评价研究[J].中国软科学,2013(4):17-25.

[2] 罗攀,朱红梅,黄春来,等.县域土地资源可持续利用评价指标体系研究[J].湖南农业科学,2010(10):16-17,20.

[3] 刘晓洁,沈镭.资源节约型社会综合评价指标体系研究[J].自然资源学报,2006,21(3):382-391.

[4] 于成学,葛仁东.资源开发利用对地区绿色发展的影响研究——以辽宁省为例[J].中国人口·资源与环境,2015,25(6):121-126.

[5] Ravallion M. Troubling Tradeoffs in the Human Development Index [J]. Journal of Development Economics, 2012, 99(2): 201-209.

[6] 周恭伟.中国人类发展指标体系构建及各地人类发展水平比较研究[J].人口研究,2011,35(6):78-89.

发展指数(CHDI)，揭示了各省区市 2005—2008 年人类发展水平现状；Biggeri[①]等人提出基于指标多维综合的可持续人类发展指数(SHDI)，该类指标使用新类别索引的聚合方法，将人类发展指数中缺失的政治权利和公民自由等与可持续性相关的两个重要维度纳入社会发展计划。相对来说，目前关于人类发展指数方面的研究更侧重考虑政治及社会状况方面的因素。而 2004 年国际能源署为了更好地了解能源对人类发展的作用，专门设计了一种由人均商业能源消费、商业能源在终端能源消费总量中所占的比例及有电力供应的人口比例三方面指标组成的能源发展指数(EDI)，力求反映能源服务的数量和质量。李晓西[②]等在可持续发展的基础上，构建了"人类绿色发展指数"，通过 12 个具体的指标测算了 123 个国家绿色发展的数值。

(二)绿色发展指数研究总体评述

上述对于绿色发展指数的研究，因基于的目的不同、考虑的角度不同，构建指标体系时选取的用于衡量绿色发展水平的具体指标不同。

侧重经济增长的绿色发展指数的衡量指标选取时主要考虑的是资本问题，如绿色 GDP 及真实发展指标 GPI 等均将经济活动中的包括资源耗减、环境降级、非市场服务等的成本及支出进行货币化，从经济角度对国家福利进行测算。侧重生态环境的绿色经济理论和测度指数主要考虑的是经济增长对生态环境的压力(环境承载力)，如生态需求指标 ERI 目的在于定量测算经济增长对于资源及环境的压力，生态足迹指标 EF 目的在于评估人类经济活动对于环境和承载力的影响，这类指标测度中选取指标考虑方面广泛，资源、发展、经济、环境和管理等各方面指标均涉及，指标体系庞大。侧重资源能源的绿色经济理论和测度指数主要考虑的是资源、能源的开发利用问题。该类绿色发展指数旨在研究从资源能源开发利用的过程或影响开发利用水平的各方面因素(如经济社会发展水平、技术水平、政策支持等)中研究某一地区资源能源开发利用的有效程度及资源能源的

---

① Mario Biggeri, Vincenzo Mauro. Towards a More 'Sustainable' Human Development Index：Integrating the Environment and Freedom[J]. Ecological Indicators，2018(91)：220-231.

② 李晓西，刘一萌，宋涛. 人类绿色发展指数的测算[J]. 中国社会科学，2014(6)：69-95.

节约利用程度。侧重生活质量的绿色发展测度指数是一种综合型指数,旨在衡量各国的经济社会发展水平,最具代表性的是人类发展指数(以预期寿命、教育水准和生活质量三类元素为基础指标),其他各类综合型指数均在HDI基础上加以改进而形成。

在考虑经济发展绿色水平的指标体系中,许多学者从不同角度构建了评价指标体系,提出了大量新型的模型,一定程度上推动了绿色发展的研究。但是,总的来说,对于绿色发展的研究还处于探索阶段。一方面,部分绿色发展指数考虑方面冗杂,指标体系选取过于宏观。宏观的指标体系由于考虑的角度不聚焦导致最终得到的评价结果也过于宏观,难以反映某一方面的真实情况,这些指标体系真正能运用到实际生活中的极少。另一方面,部分侧重研究生态、环境及资源能源的绿色发展指数过于重视经济增长对于生态环境的损耗及对资源能源的消耗,忽略了经济增长的重要性,并不能真实反映经济发展的绿化度情况。

在长江沿江各省市的绿色发展问题上,目前也有部分学者从不同角度进行了研究,在行业绿色发展研究上,吴传清[1]等从工业资源利用效率、工业环境治理强度、工业创新驱动能力、工业绿色增长质量四个维度评估了长江经济带工业绿色发展水平,主要选取与工业发展相关的三级指标。在总体绿色发展指数的测度方面,马勇[2]等通过经济增长绿化度、资源环境承载潜力、政府政策支持度三个维度构建指标体系,其三级指标选取包括国民经济、工业发展、农业发展、水资源利用、水环境污染、大气环境污染及城市绿化等多方面指标。从现有长江沿线各省市经济绿色发展指数的测度来看,当前研究中各准则层中选取的细化的三级指标涵盖方面过多,且较冗杂,但其各方面的指标数量却较少,不足以客观地反映真实的绿色发展水平。

从资源环境的约束方面考虑,经济绿色发展受到非常多资源环境约束的影响,如受到水资源、水环境、土地资源、大气环境等各种方面的约束。若综合考虑各方面的资源环境约束因素,将其全部选入指标体系,则一方面指标选取及获得有很大难度;另一方面,指标涵盖范围太广反而不能聚焦真正的研究关注点。

---

[1] 吴传清,黄磊.长江经济带工业绿色发展绩效评估及其协同效应研究[J].中国地质大学学报(社会科学版),2018,18(3):46-55.

[2] 马勇,黄智洵.长江中游城市群绿色发展指数测度及时空演变探析——基于GWR模型[J].生态环境学报,2017,26(5):794-807.

水是发展的基本要素。合理的经济结构有助于水资源有限的国家缓解水资源压力。长江经济带作为人口最多、经济最活跃的地区之一,对国家经济、环境、水安全、粮食安全和能源安全都具有深远意义。要实现生态优先、绿色发展,需要探索如何平衡水资源利用、分配以及水污染防治与经济发展之间的关系。深刻理解长江经济带水与经济发展之间的关系①(或称之为"水经济学"),对于推动制定面向未来的水政策至关重要。因此本书在众多经济绿色发展的约束因素中重点关注水资源对经济发展绿化水平的影响,研究基于水资源承载力角度的经济绿色发展指数的测度问题。

二、绿色发展潜力

(一)潜力

《汉语新词典》中,潜力被解释为"潜在的力量"②。目前学术界关于潜力的文献很多,涉及领域广泛,如经济、产业、企业、污染物减少及资源等多个层面,但是在相关研究中对潜力进行界定的为数不多,大部分学者在对潜力进行讨论之前并未给出一个清晰明确的定义,仅有少部分学者对潜力的定义进行了表述。冯学刚(2009)③认为,潜力与实际表现出来的能力也即竞争力相对应,现在的潜力是未来可能实现的竞争能力。宋咏梅(2013)④认为,潜力是一种隐藏在现实与表面之下的力量,一种潜在的、非现实的能力,有着预测趋势、实现可能转化为现实的作用。孙素玲(2016)⑤认为,潜力就是指没有表现出来的资源与能力。综合来看,可以归纳出学术界对潜力这一概念主要持三种观点。一是"差距

---

① 杨倩,胡锋,陈云华,张晓岚.基于水经济学理论的长江经济带绿色发展策略与建议[J].环境保护,2016,44(15):36-40.

② 中国社会科学院语言研究所词典室,编著.汉语成语大全(第3版)(双色本)[M].北京:商务印书馆国际有限公司,1996.

③ 冯学钢,王琼英.中国旅游产业潜力评估模型及实证分析[J].中国管理科学,2009,17(4):178-184.

④ 宋咏梅.区域旅游产业发展潜力测评及显化机制研究:以陕西为例[D].西安:陕西师范大学,2013.

⑤ 孙素玲.区域体育产业潜力评价指标体系及实证研究[D].上海:上海体育学院,2016.

说",即着眼于未来理想的、临界的发展空间,强调潜力是将所掌握的资源得到最优配置时所能实现的理想水平与当前实际水平之间的差距,如郝永利(2010)[①]等认为,污染物排放削减的潜力就是该行业的污染物产生量基准值与在不同经济增长模式下污染物的产生量之间的差值。二是"支持保障说",着眼于未来的发展竞争力,强调潜力即是现有的、能够保障未来发展的各项要素条件的总和,是对现有各项要素所起到的支持和保障作用的综合评价,即"支持保障力",如赵静(2009)[②]用生存支持力、发展支持力、环境支持力、社会支持力和智力支持力共同作用与综合作用所产生的合力来表达地区发展潜力。三是"差距说"与"支持保障说"的结合,以丁建军(2012)[③]为代表,发展离不开所具备的竞争力以及所拥有的发展空间,认为发展潜力应该是上述两种说法相互补充的结果。基于上述文献研究,本书认同第三种说法,即潜力是改善自身现有生产要素存在不足或过度使用状况,刺激与此相关的其他要素的转化、促进和支撑未来发展的能力,主要反映未来发展的潜在后劲。

(二)绿色发展潜力

在发展潜力本身定义的基础上,结合绿色经济的内涵总结出绿色发展潜力的完整内涵。英国学者皮尔斯首先提出了"绿色经济"这一概念:从社会和生态条件出发的"可承受经济",既不会由于资源耗尽而使社会经济无法持续发展,也不会由于盲目追求生产增加而造成社会分裂[④]。关于绿色发展内涵的研究主要是以两条逻辑为主,一条是以在经济发展过程中注重资源环境保护为逻辑归宿[⑤],

---

[①] 郝永利,欧阳朝斌,乔琦,等. 污染物排放削减潜力评估方法——以中小型钢铁企业为例[J]. 环境污染与防治,2010,32(5):82-84,96.

[②] 赵静. 我国东南沿海欠发达地区发展潜力指标体系及实证研究[D]. 厦门:厦门大学,2006.

[③] 丁建军,朱群惠. 我国区域旅游产业发展潜力的时空差异研究[J]. 旅游学刊,2012,27(2):52-61.

[④] Jackson T. Blueprint For a Green Economy-Pearce D[J]. Energy Policy,1990,18(1):119-121.

[⑤] Green Growth,Resources and Re-silience:Environmental Sustainability in Asia and the Pacific[R]. UNESCAP,2010.

另一条是以绿色发展作为经济增长的动力和新经济增长为逻辑归宿①。本书认为，绿色发展潜力即指将自然资本作为经济发展的内生变量，以资源节约、环境保护和消费合理为核心内容，以绿色创新为根本动力，通过技术创新，保证整个经济系统在生态承载力允许的范围内运行的情况下，可以实现经济增长及生态绿色化的潜在能量。具体包括两方面内容：绿色经济发展自身的支持保障力和具备的发展空间。绿色发展的支持保障力主要包括促进自身生产要素能够绿色地转化为经济发展能力的支持保障条件；绿色发展的发展空间是指在资源环境承载力范围内，可供经济发展的资源消耗量以及环境容量。这两个方面相互联系、相互作用于绿色发展潜力。

国内关于绿色发展潜力的研究较少，但是关于经济发展潜力的研究相当多。在《现代经济学词典》中"经济潜力"的概念，是指国家中行业和企业的经济发展能力，进行生产活动，提供商品与服务以满足社会居民的基本需求，从而保障生产和消费的发展。国家的经济发展潜力是由一国拥有的自然资源、生产资料、科学技术潜力以及积累的国民财富决定②。据此，大多学者在研究经济发展潜力时，根据以上四个方面建立指标体系，更多的是对当前经济发展情况的评价。与这些研究相比，本书在评价潜力时注重经济的绿色发展，另外本书评价的潜力是一种未来的发展能力，而不是当前情况。将经济发展潜力的研究与绿色发展指数研究相比较来看，虽然二者定义相差甚远，但是实际研究中很多学者采用的评价方法以及建立的评价指标体系大体一致，评价过程体现不出来绿色发展指数与经济绿色发展潜力的差距。部分学者在研究绿色发展指数的过程中将绿色发展潜力纳入指数评价指标体系③。从绿色发展指数内涵来看，绿色发展指数是评价经济发展与资源环境保护情况，旨在评价目前状况。而绿色经济发展潜力是评价未来经济发展能力以及未来可供经济发展的资源消耗量和环境容量，旨在预测未来发展情况。

---

① Myungjun Jang, Soon-Tak Suh, Jin-Ah Kim. Development and Evaluation of Laws and Regulation for the Low-Carbon and Green Growth in Korea [J]. International Journal of Urban Sciences: Journal on Asian-Pacific Urban Studies and Affairs, 2010, 14(2): 191-206.
② 中国社会科学院经济研究所编著. 现代经济辞典[M]. 南京：凤凰出版社，2005.
③ 李琳，楚紫穗. 我国区域产业绿色发展指数评价及动态比较[J]. 经济问题探索，2015(1): 68-75.

第二节 数据与方法

一、指标体系的构建

(一)绿色发展指数

1. 指标体系总体情况

在基于水资源承载力的长江经济带绿色发展指数评价体系的构建过程中,要遵循两点原则:一是坚持绿色与发展并重的理念,坚持"绿色"和"发展"两手抓;二是突出水资源在经济绿色发展中的重要位置。绿色经济效率的提高是绿色经济发展的核心要义①。绿色经济被作为一种充分考虑了经济、社会和环境因素的经济发展方式受到人类社会尤其是各国决策者越来越广泛的关注,如"八国集团""二十国集团"会议以及经济发展与合作组织提出"绿色增长"的概念②。其在指标选取上,重点关注经济发展过程中水资源方面的指标对经济绿色发展的贡献。

经过多次筛选,本书对经济绿色发展的测算体系由 3 个一级指标、7 个二级指标和 25 个三级指标构成。本书基于我国生态学先驱马世骏等(1984)的社会-经济-自然复合生态系统理论,长江经济带省域经济绿色发展指数评价体系指标体系基于 PSR(压力-状态-响应)模型,重点参考著名经济学家李晓西发布的《中国绿色发展指数年度报告》(下文简称《报告》)中所构建的中国绿色发展指数指标体系,选定三方面一级指标,经济发展水资源效率水平(状态)、经济发展水资源承载力水平(压力)和经济发展政府政策支持度(响应)。

2. 指标体系具体划分及权重分配

将一级指标分别划分为对应的二级指标,并根据二级指标需要及数据合理性挑选相应三级指标并确定权重。具体指标体系及权重分配,见表3-1。

---

① Skea Jim. Blueprint 2: Greening the World Economy[J]. Energy Policy, 1992, 20(11): 1123-1124.

② The Group of Twenty Annual Meeting's Summit. Inclusive, Green and Sustainable Recovery, London, 2009.

表 3-1 经济绿色发展指数评价指标及权重分配表

一级指标	权重	二级指标	相对权重	三级指标	单位	指标解释	指标性质	相对权重
经济绿色发展水资源效率水平	1/3	绿色增长效率	1/2	万元 GDP 水耗	吨/万元	国内生产总值/总用水量	−	1/3
				单位 GDP 的 COD 排放	吨/亿元	国内生产总值/COD 排放量	−	1/3
				单位 GDP 氨氮排量	吨/亿元	国内生产总值/氨氮排放量	−	1/3
		第一产业	1/4	节灌率	%	节水灌溉面积/灌溉面积	+	3/10
				有效灌溉面积占比	%	有效灌溉面积/灌溉面积	+	3/10
				万元农业增加值水耗	吨/万元	农业用水量/农业增加值	−	2/5
		第二产业	1/4	工业用水重复率	%	—	+	1/3
				万元工业增加值水耗	—	工业用水量/工业增加值	−	1/3
				万元工业增加值 COD 排量	吨	工业 COD 排放量/工业增加值	−	1/3
经济绿色发展水资源承载力水平	1/3	资源丰裕度	1/10	人均水资源量	m³/人	人均水资源占有量	+	1/4
				产水模数	10⁴m³/km²	地均水资源量	+	1/4
				森林覆盖率	%	—	+	1/4
				湿地面积占比	%	—	+	1/4

第二节　数据与方法

续表

一级指标	权重	二级指标	相对权重	三级指标	单位	指标解释	指标性质	相对权重
经济绿色发展水资源承载力水平	1/3	水环境压力	9/10	人均用水量	m³	—	−	1/5
				水资源开发利用率	%	总用水量/综合供水能力	−	1/5
				综合耗水率	%	用水消耗量①/总供水量	−	1/5
				人均COD排放量	吨/万人	COD排放总量/年平均人口	−	1/5
				人均氨氮排放量	吨/万人	氨氮排放总量/年平均人口	−	1/5
经济绿色发展提升水平	1/3	政策支持度	1/2	工业水污染治理投资	万元	环境污染治理投资中用于工业水污染治理的投资额	+	1/4
				节水措施总投资	万元	—	+	1/4
				水保及生态投资	万元	水利建设中用于水土保持及生态保护的投资	+	1/4
				环保系统科研机构人数	人	各省环境保护系统国家级、省级合计科研机构人员数	+	1/4
		基础设施	1/2	城市用水普及率	%	—	+	1/4
				城市节水量占比	%	节约用水量/实际用水量	+	1/4
				城市污水处理率	%	—	+	1/4
				单位污水处理费用	元/吨	工业废水治理设施本年运行费用/工业废水处理量	−	1/4

①耗水量：用水消耗量指在输水、用水过程中，通过蒸腾蒸发、土壤吸附、产品吸附、居民和牲畜饮用等多种途径消耗掉，而不能回归到地表水体和地下含水层的水量。

经济增长水资源效率水平包括绿色增长效率及与水资源密切相关的第一、二产业发展现状两方面。用经济绿色增长效率指标、第一产业指标、第二产业指标衡量经济发展水资源效率水平，由于第三产业用水效率数据可得性问题，故本次未考虑第三产业发展水资源效率。衡量经济发展水资源效率水平的三个指标中，由于经济绿色增长效率指标为体现总体经济绿色发展的指标，因此相对于一级指标的权重为1/2，第一产业指标及第二产业指标相对于一级指标权重相等，均为1/4。农业为第一产业的主导，因此主要考虑采用与农业相关的绿色发展指标——节灌率、有效灌溉面积占比及万元农业增加值水耗来衡量第一产业绿色发展水资源效率。三项三级指标中，农业耗水是能衡量农业绿色发展水资源效率的主要指标，因此相对其他两项指标，万元农业增加值水耗权重占比稍重，为2/5，另外两个三级指标权重均为3/10。同样的，工业为第二产业的重要组成部分，且工业产品是经济发展中众多其他行业的基础。且相对而言，工业发展过程与水资源的利用更加密切。因此，第二产业指标中主要选用工业相关指标衡量第二产业绿色发展水资源效率水平。工业用水重复率、万元工业增加值水耗、万元工业增加值COD排量三项指标分别从工业的用水、耗水及排水三方面考虑，所占相对于二级指标的权重相等，均为1/3。

经济发展水资源承载力水平体现了当地资源禀赋及环境变化情况，并着重强调了时下废水的排放对于环境的高度压力。用资源丰裕度与水环境压力两项二级指标来衡量经济发展水资源承载力水平。资源丰裕度与地区地理水文条件、气候特征密切相关，由于强烈的地域特征，各地区差异非常大且不易人为改变，而环境压力主要由于人的活动造成，与地区人口及经济发展等密切相关，因此水环境压力所占相对一级指标的权重（9/10）要远大于资源丰裕度权重（1/10）。本书考虑采用人均水资源量、产水模数、森林覆盖率、湿地面积占比四项指标衡量区域资源丰裕度，人均水资源量、产水模数及水资源开发利用率[①]与当地水资源产量及取用直接相关，而森林覆盖率及湿地面积占比与本土环境保持水资源的能力直接相关，4项指标所占权重均为1/4。水环境压力主要来源于当地居民对水资源的取用量、水资源取用过程中的消耗量及水资源利用过后污染物的排放量，因此

---

① 李东. 浅析水资源开发利用率与水电开发率[J]. 中国水能及电气化, 2010(5): 31-35.

用人均用水量、水资源开发利用率、综合耗水率、人均COD排放量、人均氨氮排放量五项指标衡量水环境压力,其所占一级指标权重均为1/5。

采用政策支持度及已完成基础设施情况来衡量经济绿色发展的提升水平,其相对一级指标的权重均为1/2。采用工业水污染治理投资、节水措施总投资、水利建设中水保及生态投资及各省环境保护系统国家级、省级合计科研机构人员数,分别从政府的财政投资及人力投资两方面衡量当地政府对于经济绿色发展的政策支持度,其相对二级指标的权重分别为1/4。采用城市用水普及率、城市节约用水占比、城市污水处理率和单位污水处理费用,分别从用水及污水处理基础设施运行情况两方面衡量经济绿色发展中基础设施情况,其相对二级指标权重分别为1/4。

(二)绿色发展潜力

结合绿色发展潜力的内涵,着重考虑水资源对资源、环境以及绿色经济发展的影响,本书设置1个目标层——绿色经济发展潜力,2个一级评价层——发展空间、支持保障力。发展空间由水生态环境容纳空间、水资源利用空间、经济绿色发展空间三个二级评价项目层构成。支持保障力由政府扶持程度、绿色文化宣教、绿色科技创新能力三个二级评价项目层构成。整个指标体系由1个目标层,2个一级指标、6个二级指标、19个三级指标构成,见表3-2。

发展空间从水生态环境容纳空间、水资源利用空间和经济绿色发展空间三个方面考虑。考虑水体的使用功能保障及河流水质要求,选取水功能区达标率空间、优于Ⅲ类水河段占比空间、劣Ⅴ类水河段占比空间等三项水质状况指标来表示水生态环境未来的容纳潜力。此三项指标以2010—2015年的实际值相对于《长江经济带生态环境保护规划》中2020年的目标值作为具体指标。水资源利用空间从用水情况、水资源供给以及湿地三个方面考虑,最终选取用水发展空间、人均水资源量空间、湿地发展空间、供水余量空间等四项指标来评价。其中,用水发展空间是以2010—2015年的用水总量相对于《长江经济带生态环境保护规划》中2020年的目标值作为具体指标,人均水资源量空间是以各省的人均水资源量相对于全国平均人均水资源量作为具体指标,湿地发展空间是以各省的湿地占地面积相对于11省中最优水平作为具体指标,供给余量空间是以水资源总量相对于

表 3-2 绿色发展潜力指标体系

目标层	一级指标	二级指标	三级指标
绿色经济发展潜力	发展空间	水生态环境容纳空间	水功能区达标率空间
			优于Ⅲ类水河段占比空间
			劣Ⅴ类水河段占比空间
		水资源利用空间	用水发展空间
			人均水资源量空间
			湿地发展空间
			供水余量空间
		经济绿色发展空间	万元GDP用水量空间
			万元工业增加值用水量空间
			万元农业GDP用水量空间
	支持力保障	政府扶持程度	能源环保财政支出
			排污税收占比
		绿色文化宣教	当年开展的社会环境宣传教育活动数
			当年开展的社会环境宣传教育活动人数
			环境教育基地数
		绿色科技创新能力	研究与试验发展人员占比
			研究与试验发展经费投入强度
			有效授权专利数
			有效发明专利数

用水总量作为具体指标。经济绿色发展空间要兼顾经济和绿色两个方面，最终确定万元GDP用水量空间、万元工业增加值用水量空间、万元农业GDP用水量空间三项指标表示未来经济绿色发展的空间。万元GDP用水量空间、万元工业增加值用水量均是以相对于《长江经济带生态环境保护规划》中2020年的目标值作为具体指标，万元农业GDP用水量空间是以相对于11省市最优水平作为具体指标。

支持保障力从政府扶持程度、绿色科技创新能力和绿色文化宣教三个方面考虑。从政府对环境保护的投入以及对环境污染的管制两个方面考虑，选取节能环保财政支出、排污税收占比两项指标来表示政府扶持程度。绿色科技创新能力从人员投入、经费投入以及成果产出三个方面考虑,最终选取研究与试验发展人员占比、研究与试验发展经费投入强度、有效授权专利数、有效发明专利数等四项指标表示科技水平对绿色发展的支持力。绿色文化宣教选取当年开展的社会环境宣传教育活动数、当年开展的社会环境宣传教育活动人数、环境教育基地数等三项指标表示绿色发展社会支持力。

二、数据来源

(一)绿色发展指数

根据表 3-2 中对绿色发展指标体系的解释说明及相关计算方法,绿色发展指数各指标计算时涉及的原始数据来源如下。

①国内生产总值、工业增加值、农业增加值、年平均人口,来源于《中国统计年鉴》(2012—2016)。

②总用水量、农业用水量、COD 排放总量、氨氮排放总量、工业 COD 排放量、湿地面积占比、森林覆盖率、人均用水量、各省环境保护系统国家级及省级合计科研机构人员数、工业废水治理设施年运行费用、工业废水处理量、节水措施总投资,来源于《中国环境统计年鉴》(2012—2016)(其中由于年鉴上未统计重庆 2012—2015 年节水措施总投资,因此在下述绿色发展指数测算时认为 2011—2015 年重庆节水措施总投资不变)。

③节水灌溉面积、灌溉面积、有效灌溉面积,来源于《中国农业年鉴》(2012—2016);人均水资源量、产水模数,来源于《中国水利统计年鉴》(2012—2016)。

④综合供水能力,来源于《中国城乡统计年鉴》(2012—2016)。

⑤各省 2011—2015 年水资源消耗量数据,来源于长江经济带各省《水资源公报》(2011—2015)。

(二)绿色发展潜力

绿色发展潜力各指标计算时涉及的原始数据来源如下:2011—2015 年《长江

流域水资源质量公报》、各省市《水资源公报》以及《环境状况公报》；2012—2016年《中国统计年鉴》《中国科技统计年鉴》《中国环境统计年鉴》《长江经济带生态环境保护规划》。详细见表3-3。

表 3-3 基础数据来源表

基础数据	数据来源
水功能区达标率	《环境状况公报》《长江流域水资源公报》《水资源公报》
优于Ⅲ类水河段占比	《环境状况公报》《水资源公报》
劣Ⅴ类水河段占比	《环境状况公报》《水资源公报》
总用水量	《中国环境统计年鉴》
2020年用水控制量	《长江经济带生态环境保护规划》
人均水资源量	《中国环境统计年鉴》
湿地占比	《中国环境统计年鉴》
水资源总量	《中国环境统计年鉴》
GDP	《中国统计年鉴》
2020年万元GDP用水量标准	《长江经济带生态环境保护规划》
水量工业用水量	《中国环境统计年鉴》
工业增加值	《中国统计年鉴》
2020年万元工业增加值标准	《长江经济带生态环境保护规划》
农业用水量	《中国环境统计年鉴》
第一产业GDP	《中国统计年鉴》
2020年万元农业GDP用水量标准	《长江经济带生态环境保护规划》
节能环保财政支出	《中国统计年鉴》
排污缴费	《中国统计年鉴》
税收收入	《中国统计年鉴》
当年开展的社会环境宣传教育活动数	《中国环境统计年鉴》
当年开展的社会环境宣传教育活动人数	《中国环境统计年鉴》
环境教育基地数	《中国环境统计年鉴》

续表

基础数据	数据来源
研究与试验发展人员占比	《中国科技统计年鉴》
研究与试验发展经费投入强度	《中国科技统计年鉴》
有效授权专利数	《中国科技统计年鉴》
有效发明专利数	《中国科技统计年鉴》

三、研究方法

(一)绿色指标体系的测度方法

从测度方法上来看,当前绿色发展的测度方法主要有两类。第一类是指数法。此方法首先是建立多级指标体系,然后确定各指标权重。指标权重确定方法一般有 AHP 方法、熵权法、专家法。第二类是 DEA 方法。如郭永杰[1]等(2015)采用综合加权法测度了宁夏县域的绿色发展水平;欧阳志云[2]等(2009)利用 K-mean 聚类法分析出绿色发展指标在全国城市的达标比例和分级评价;马勇[3]等通过熵权-TOPSIS 法测度了长江中游城市群 31 个城市的绿色发展指数。TOPSIS 法作为一种常用的评价方法,其主要思想是根据评价对象和其理想化目标的距离进行比较排序[4]。企业、城市等都可以作为决策单元应用 DEA 模型进行效率的评价[5]。Sung-Jong Kim 指出,DEA 方法为城市经济学家提供了一个强大的分析

---

[1] 郭永杰,米文宝,赵莹. 宁夏县域绿色发展水平空间分异及影响因素[J]. 经济地理,2015,35(3):8,45-51.

[2] 欧阳志云,赵娟娟,桂振华,等. 中国城市的绿色发展评价[J]. 中国人口·资源与环境,2009,19(5):11-15.

[3] 马勇,黄智洵. 长江中游城市群绿色发展指数测度及时空演变探析——基于 GWR 模型[J]. 生态环境学报,2017,26(5):794-807.

[4] Olson D. Comparison of Weights in TOPSIS Models [J]. Mathematical and Computer Modelling, 2004(40):721-727.

[5] Joe Zhu. Data Envelopment Analysis vs Principal Component Analysis: An Illustrative Study of Economic Performance of Chinese Cities[J]. European Journal of Operational Research, 1998, 111(1):50-61.

工具①。

本书采用指数法研究长江经济带省域经济绿色发展水平,以实现经济绿色发展的总体目标为依据,参考国内外城市已建立的绿色发展指标体系,通过指标构建原则筛选定性和定量指标、赋予指标权重这一动态过程,构建基于水资源承载力的长江经济带省域经济绿色发展的指标体系。其中,在权重的赋予上采用综合权重分析法对各指标体系进行权重分配。

(二) 数据标准化方法

常用的指标数据无量纲化有多种方法②。通过对多种方法进行比较,本书选用线性比例变换法对指标的原始数据进行无量纲化处理。该方法能够考虑到指标值的差异性。一般而言,指标依据评价的目标取向可分为三类:指标值"越大越好""越小越好"和"适中为宜",相应的指标分别为正向指标、逆向指标和中性指标。

对于正向指标采用式(3-1)进行无量纲化处理,对于逆向指标采用式(3-2)进行处理。对指标进行无量纲化处理后,所有指标都转换为正向变量,即值越大越好。本书选取的指标不存在中性指标,因此只对正向指标和逆向指标进行处理。

正向指标:

$$r_{ij} = \frac{x_{ij} - x_{\min}}{X_{\max} - X_{\min}} \tag{3-1}$$

负向指标:

$$r_{ij} = \frac{x_{\max} - x_{ij}}{X_{\max} - X_{\min}} \tag{3-2}$$

(i = 1, 2, …, 11; j = 2011, 2012, …, 2015)

式中 r_{ij} 表示第 j 年 i 地区的指标标准化值;X_{ij} 表示第 j 年 i 地区的 X 值;$X_{\max}$ 代表 i 个地区 j 年中 X 的最大值;$X_{\min}$ 代表 i 个地区 j 年中 X 的最小值。

---

① Sung Jong Kim. Productivity of Cities[M]. Taylor and Francis, 2019: 49-53.
② 陈国宏,李美娟. 基于方法集的综合评价方法集化研究[J]. 中国管理科学,2004,12(1):101-105.

第三节　长江经济带绿色发展水平比较分析

一、长江经济带绿色发展指数三级指标分析

(一) 经济绿色发展水资源效率水平三级指标分析

从图 3-2 中可知，各省万元 GDP 水耗、单位 GDP 的 COD 排放量及单位 GDP 氨氮排量的得分差异不大，其得分变异系数分别为 0.368、0.532、0.403。从万元 GDP 水耗得分来看，从高到低排序依次为浙江、上海、重庆、四川、江苏、贵州、湖北、云南、湖南、安徽及江西；从单位 GDP 的 COD 排量得分来看，从高到低排序依次为上海、江苏、浙江、重庆、贵州、湖北、云南、四川、安徽、湖南及江西；从单位 GDP 的氨氮排量得分来看，从高到低排序依次为上海、江苏、浙江、重庆、贵州、云南、湖北、四川、安徽、江西及湖南。

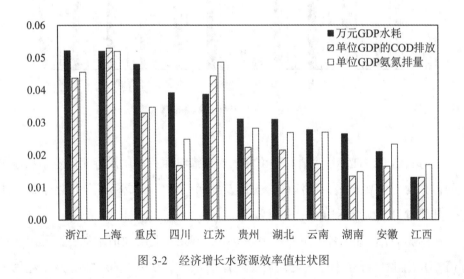

图 3-2　经济增长水资源效率值柱状图

上海、浙江、江苏三个省份万元 GDP 水耗、单位 GDP 的 COD 排放量及单位 GDP 氨氮排量的得分均处于高水平，而江西、安徽及湖南三省三项指标得分均处于最低水平。其他省份三项指标均处于中等水平。从相关度上来看，各省份的

三项指标可能存在一定的相关度。

从图3-3中可知，各省节灌率差异较大，其变异系数为0.751，而有效灌溉面积占比、万元农业增加值水耗得分差异不大，其得分变异系数分别为0.310、0.368。从节灌率得分来看，从高到低排序依次为重庆、湖南、上海、浙江、江西、安徽、云南、江苏、四川、贵州及湖北；从有效灌溉面积占比得分来看，从高到低排序依次为云南、安徽、四川、湖北、江苏、江西、湖南、上海、贵州、重庆及浙江；从万元农业增加值水耗得分来看，从高到低排序依次为云南、湖南、安徽、贵州、重庆、湖北、江西、四川、上海、浙江及江苏。

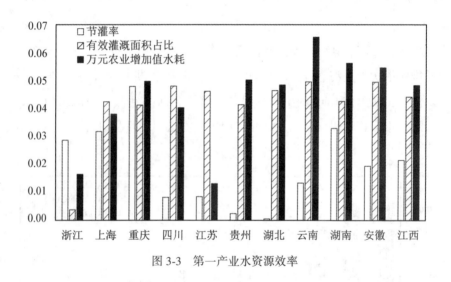

图3-3　第一产业水资源效率

上海、浙江、江苏三个省份节灌率、有效灌溉面积占比及万元农业增加值水耗的得分均处于高水平，而江西、安徽及湖南三省三项指标得分均处于最低水平。其他省份三项指标均处于中等水平。

从图3-4中可知，各省工业用水重复率、万元工业增加值水耗、万元工业增加值COD排量差异较小，其变异系数分别为0.461、0.291、0.270。从工业用水重复率得分来看，从高到低排序依次为四川、贵州、上海、浙江、安徽、湖南、重庆、江苏、江西、湖北及云南；从万元工业增加值水耗得分来看，从高到低排序依次为重庆、湖南、江西、云南、上海、湖北、江苏、贵州、浙江、安徽及四川；从万元工业增加值COD排量得分来看，从高到低排序依次为浙江、上海、云南、四川、湖南、重庆、贵州、湖北、江苏、安徽及江西。

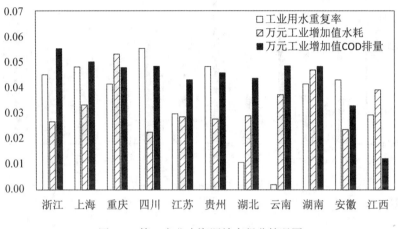

图3-4 第二产业水资源效率得分情况图

上海、浙江、江苏三个省份工业用水重复率、万元工业增加值水耗、万元工业增加值COD排量得分均处于高水平，而江西、安徽及湖南三省三项指标得分均处于最低水平。其他省份三项指标均处于中等水平。

(二)经济绿色发展水资源承载力水平三级指标分析

从图3-5中可知，各省人均水资源占有量、产水模数、森林覆盖率、湿地面积占比得分差异均较大，其变异系数分别为0.593、0.658、0.582及1.676。由此说明各省依据自然及地理环境的不同，其资源丰裕度差异较大。从人均水资源占有量得分来看，从高到低排序依次为江西、云南、四川、贵州、湖南、浙江、重庆、湖北、安徽、江苏及上海；从产水模数得分来看，从高到低排序依次为浙江、江西、湖南、四川、贵州、重庆、湖北、安徽、云南、上海及江苏；从森林覆盖率得分来看，从高到低排序依次为江西、浙江、云南、湖南、重庆、湖北、贵州、四川、安徽、江苏及上海；从湿地面积占比得分来看，从高到低排序依次为上海、江苏、浙江、湖北、安徽、江西、湖南、四川、重庆、云南及贵州。

从图3-6中可知，各省水资源取用率、综合耗水率得分差异非常大，变异系数分别为0.191、0.164，人均用水量、人均COD排放量、人均氨氮排放量得分

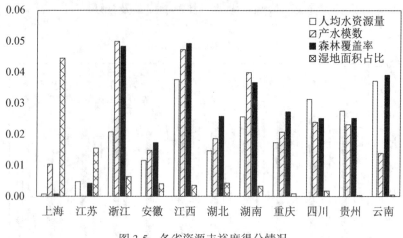

图 3-5　各省资源丰裕度得分情况

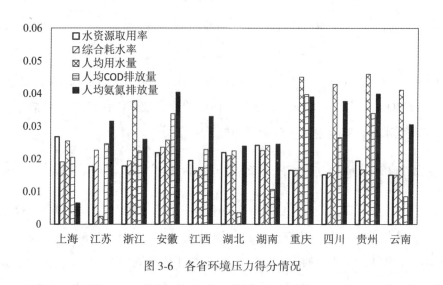

图 3-6　各省环境压力得分情况

差异一般,其变异系数分别为 0.457、0.503 及 0.329。从水资源取用率得分来看,从高到低排序依次为上海、湖南、湖北、安徽、江西、贵州、浙江、江苏、重庆、四川及云南。水资源取用率为当地总用水量占当地综合供水能力的比值(其中综合供水能力代表当地可用的水资源量),上海由于南水北调的原因,可用水量较大,因此会出现上海水资源取用率得分最高的情况。从综合耗水率得分来看,从高到低排序依次为安徽、江苏、湖南、湖北、浙江、上海、贵州、重庆、江西、四川及云南。从人均用水量得分来看,从高到低排序依次为贵州、重庆、四川、云南、浙江、安徽、上海、湖南、湖北、江西及江苏。从人均COD排放量得分来看，从高到低排序依次为重庆、贵州、安徽、四川、江苏、江西、浙江、上海、湖南、云南及湖北。从人均氨氮排放量得分来看，从高到低排序依次为安徽、贵州、重庆、四川、江西、江苏、云南、浙江、湖南、湖北及上海。

(三)经济绿色发展提升水平三级指标分析

从图3-7中可知，各省工业废水污染治理投资、节水措施总投资、水保及生态投资得分差异均较大，其变异系数分别为0.877、1.837及0.894，环保系统科研机构人数差异较小，变异系数为0.407。由此说明各省依据环境保护政策及相关环保建设要求的不同，其用于水资源方面的投资差异较大，而在科研机构人员投入方面则相差不大。从工业废水污染治理投资得分来看，从高到低排序依次为浙江、江苏、四川、云南、湖南、江西、湖北、安徽、上海、贵州及重庆；从节水措施总投资得分来看，从高到低排序依次为江苏、安徽、浙江、湖北、上海、湖南、贵州、四川、云南、江西及重庆；从水保及生态投资得分来看，从高到低排序依次为浙江、江苏、湖北、云南、贵州、重庆、江西、四川、上海、安徽及湖南；从环保系统科研机构人数得分来看，从高到低排序依次为上海、云南、四川、江苏、湖南、江西、贵州、安徽、湖北、浙江及重庆。

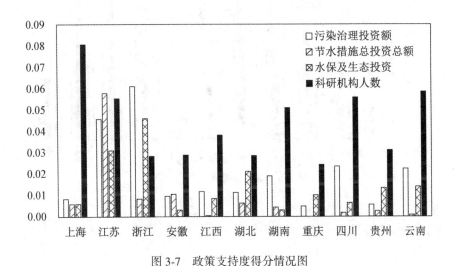

图3-7 政策支持度得分情况图

由此发现，浙江、江苏、四川及云南等地对污染治疗的投入较大，江苏、安徽、浙江、湖北对于水资源节约设施的投资较大，而浙江、江苏、湖北、云南等地均较重视水土保持及生态保护。这从另一方面说明各省的环境政策的侧重点不一样。

从图3-8中可知，各省城市污水处理率、城市用水普及率、单位污水处理费用得分差异均较小，其变异系数分别为0.304、0.445及0.321，城市节水量占比得分差异较大，变异系数为0.760。由此说明各省依据环境保护政策及相关环保建设要求的不同，节水措施的实施效果差异较大。从城市污水处理率得分来看，从高到低排序依次为四川、江西、湖南、浙江、上海、湖北、江苏、云南、贵州、重庆及安徽；从城市用水普及率得分来看，从高到低排序依次为重庆、上海、湖南、云南、江西、四川、贵州、安徽、浙江、湖北及江苏；从城市节水量得分来看，从高到低排序依次为上海、浙江、江苏、湖北、安徽、江西、湖南、云南、重庆、贵州、四川；从单位污水处理费用得分来看，从高到低排序依次为贵州、湖南、江西、云南、安徽、湖北、四川、江苏、浙江、上海及重庆。

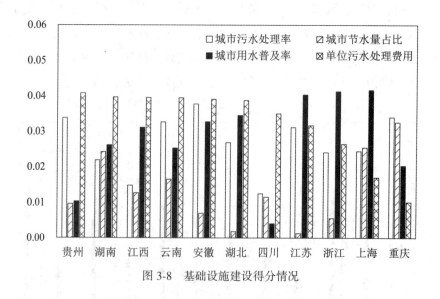

图3-8 基础设施建设得分情况

二、各省经济绿色发展评价

(一)各省经济绿色发展水资源效率水平评价

从图3-9可知，从经济增长水资源效率来看，按从高到低排序依次是上海、江苏、浙江、云南、湖南、安徽、四川、江西、重庆、湖北、贵州；而按照第一产业发展水资源效率来看，从高到低排序依次是江苏、安徽、云南、湖南、江西、浙江、重庆、湖北、四川、贵州、湖北；按照第二产业发展水资源效率来看，从高到低排序依次为江苏、安徽、浙江、上海、重庆、四川、贵州、湖南、云南、湖北、江西。从以上对比中可知，江苏省、贵州省、湖北省属于各产业发展水资源效率较均衡类型，但江苏省产业发展水资源效率均处于高水平状态，而贵州及湖北产业发展水资源效率则均处于低水平状态。而相比较而言，其他省产业发展水资源效率均存在不均衡的问题，如安徽省第一、二产业发展水资源效率均处于高水平，而其经济增长水资源效率则处于中等水平；而浙江、上海等高度城市化的省份则明显处于第一产业发展水资源效率低，而经济增长水资源效率及第二产业水资源效率水平高的状态；湖南、云南及江西等地则处于经济增长水资源效率及第一产业水资源效率中等水平，而第二产业水资源效率很低的状态。

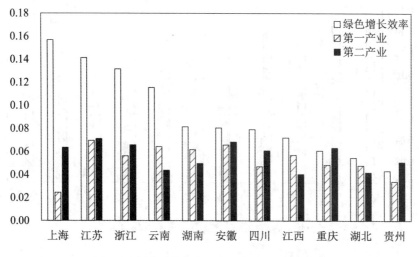

图 3-9　各省经济绿色发展水资源效率水平评价

各省份的产业发展水资源效率不均衡的问题可能与两方面因素有关：一方面，各省份的经济发展的速度（单从 GDP 方面考虑）对于各省经济绿色发展水资源效率水平可能有较大影响，从经济增长水资源效率水平来看，经济发展较为迅速的上海、江苏、浙江等地经济增长水资源效率也较高，这可能是由于经济发展伴随的城市化能够提高当地的科技发展及环境重视度；另一方面，第一、二产业发展水资源效率发展不均衡与各省份因地制宜的产业优先发展政策有关,部分地区由于土地等资源的限制及当地政策的驱动从而选择优先发展第二产业,如上海,而部分地区由于传统的产业及当地自然条件的影响,选择优先发展第一产业,如云南等地。

(二)各省经济绿色发展水资源承载力水平评价

由图3-10可知,从各省的水环境压力得分来看,从高到低排序依次为江西、重庆、江苏、贵州、四川、云南、安徽、浙江、上海、湖南、湖北;而从各省的资源丰裕度来看,从高到低排序依次为安徽、四川、浙江、云南、贵州、重庆、江西、湖北、湖南、江苏、上海。各地的资源丰裕度有着当地的地域特征,一般认为难以改变。因此着重考虑各省与水环境压力方面。

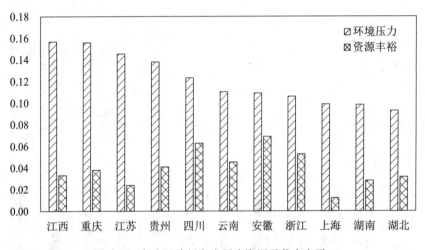

图3-10 各省经济绿色发展水资源承载力水平

上海、湖南、湖北等地水资源消耗率得分属于所有省份之中较高水平,但这三个省份人均用水量、人均COD排放量及人均氨氮排放量得分均处于低水平,故而导致其水环境压力得分处于低水平;江苏省虽人均用水量得分最低,其人均COD排放量及人均氨氮排放量却处于中等水平,但其水资源取用率得分却处于长江经济带中最高水平,因此江苏省水环境压力得分也较高。

(三) 长江经济带各省市经济绿色发展提升水平评价

从图 3-11 可看出，从经济绿色发展政府支持水平来看，江苏、浙江、上海、云南、四川、湖南、湖北、江西、贵州、安徽、重庆依次降低。政府对节水、污水处理的投入以及已建成的基础设施对各省市的水环境治理及水资源节约利用有一定的影响。而从各省基础设施建设得分情况来看，安徽、上海、湖南、云南、江苏、湖北、浙江、贵州、江西、重庆及四川依次降低。如图 3-11 所示，长江经济带各省政府支持水平与基础设施建设情况得分相关性并不高。具体对比分析政府支持水平国际基础设施建设水平的得分差异时，发现长江经济带可能存在以下三方面情况。一是部分地区由于当地经济发展水平的限制（人均 GDP），其政府支持水平并不高，而其基础设施建设水平很高可能是一种表象。以安徽为例，安徽政府支持水平排名第 10，但基础设施建设水平排名第一，经济绿色发展水资源效率水平排名第 8。安徽在政府支持水平得分并不高的情况下，当地单位污水处理费用、城市污水处理率及城市用水普及率在长江经济带各省中排名均较靠前，这可能是由于安徽城乡发展存在较大差异，城市基础建设水平较高，而由于农村基础建设水平却不高，从而导致统计数据中表面看起来安徽地区基础设施建设水平较高。二是当地政府支持水平与基础设施建设水平基本相当的地区，如上海、江苏、四川、湖北、湖南、江西、重庆、贵州等地，其中上海、江苏、湖南

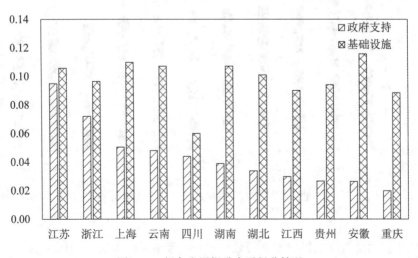

图 3-11　绿色发展提升水平得分情况

地区政府支持与基础设施建设水平都较高,而四川、贵州、江西、重庆地区则两者水平均较低。三是部分经济发展水平较高的地区,目前政府支持水平较高,但其基础设施建设水平却不高,如浙江(政府支持度排名第2,基础设施建设水平排名第6)。这说明浙江地区政府支持水平与其基础设施建设水平不一致,政府投入可能存在投入后治理效果不明显、投入资金冗余及环保技术手段跟不上地区经济发展等情况,可根据当地的地区发展政策适当调整政府投入,优先科技创新。

三、总体绿色发展指数省域比较

(一)各省绿色发展水平总体评价

如图3-12所示,从2011—2015年9省2市的绿色发展指数均值来看,长江经济带绿色发展指数由高到低排序依次为浙江、江苏、上海、重庆、贵州、四川、安徽、云南、湖南、湖北、江西。长江经济带省域经济绿色发展水平差异较小。

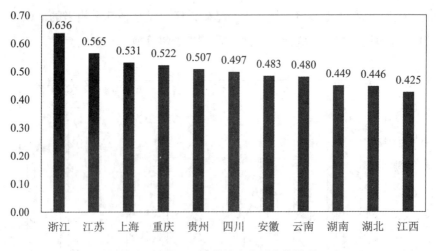

图3-12 长江经济带绿色发展指数情况

从各省的经济绿色发展水资源效率水平、经济绿色发展水资源承载力水平及经济绿色发展地区支持水平三方面具体分析,由图3-13可知,长江经济带各省市经济绿色发展水资源效率水平从高到低排序依次为浙江、江苏、上海、重庆、四川、贵州、湖北、安徽、云南、湖南、江西。结合图3-14反映的各地的人均GDP来看,各省市的绿色发展水资源效率与经济发展水平不完全一致。江浙沪地区经济发展水平及其绿色发展水资源效率水平在各省市中均排名靠前,但上海、江苏及浙江地区人均GDP依次降低,而三者绿色发展水资源效率水平依次升高。结合水资源使用的情况来看,上海虽经济高速发展,但该地区水资源在第一产业及第二产业中的利用效率及产业发展污染排放控制水平明显低于江苏及浙江。重庆、四川及湖北地区经济发展水平与经济绿色发展水资源效率水平处于9省2市中等水平,安徽、云南及江西均处于低等水平。众多省市中,贵州省经济发展水平最低,但其经济绿色发展水资源效率水平处于中等水平。贵州与排名相近的四川与湖北相比,其第一产业水资源效率水平明显高于湖北低于四川,而第二产业低于湖北与四川,总体经济绿色增长效率水平高于湖北,与四川持平,由此可见,贵州经济绿色发展中第一产业(农业)绿色发展具有一定优势。

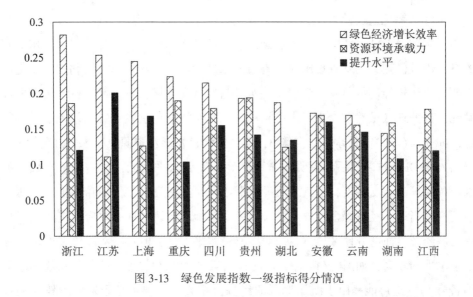

图3-13 绿色发展指数一级指标得分情况

从经济绿色发展水资源承载力水平来看,各省市从高到低的顺序依次为贵州、重庆、浙江、四川、江西、安徽、湖南、云南、上海、湖北、江苏;从资源丰裕度方面分析,浙江、江西及湖南地区水资源丰裕度属于高水平,云南、湖

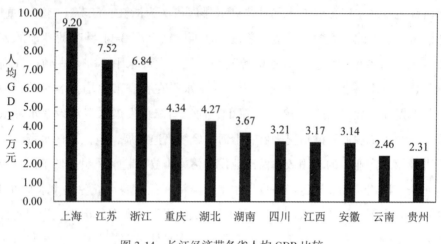

图 3-14　长江经济带各省人均 GDP 比较

北、四川、贵州、湖北、重庆水资源丰裕度处于中等水平，上海、江苏、安徽水资源丰裕度处于低等水平；从环境压力方面分析，重庆、四川、安徽、贵州、云南、浙江、湖南、江西、湖北、江苏、上海环境压力依次增加。

从经济绿色发展政府支持水平得分来看，江苏、上海、安徽、四川、云南、贵州、湖北、浙江、江西、云南、湖南、重庆依次降低。政府对节水、污水处理的投入以及已建成的基础设施对各省市的水环境治理及水资源节约利用有一定的影响。而比较经济绿色发展政府支持水平与经济绿色增长效率水平各地区的差异发现，部分地区虽然政府支持水平很高，但其经济绿色发展水资源效率水平却较低，如安徽(政府支持水平排名第 3，但经济绿色发展水资源效率水平排名第 8)。安徽人均 GDP 排名靠后，说明安徽地区经济发展水平较低，虽然安徽有较高的水资源保护政府支持度，但其水资源承载力水平并不高，仅仅一味保护水资源而不能提高当地的经济绿色发展水资源效率，该地区应该在现有政府支持条件下尽快发展经济。而部分地区虽然目前政府支持水平不高，但其经济绿色发展水资源效率水平却较高，如浙江(政府支持度排名第 8，经济绿色发展水资源效率水平排名第 1)。这可能是由于浙江地区的经济及相关环保技术已经发展到较高的水平，保持较高的经济绿色发展水资源效率水平所需的政府投入较小。

(二)绿色发展指数趋势比较

从图 3-15 中反映的 2011—2015 年各省绿色发展指数的变化趋势来看，浙江、安徽、重庆、贵州、上海、四川、云南、湖北、湖南均呈上升趋势,而江苏和江西两省2011—2015年经济绿色发展指数出现波动趋势。上海2013年绿色发展指数较上一年下降,2015年绿色发展指数较上一年下降。这主要是由于上海市2011—2015年经济绿色发展政府支持水平有较大波动。2012年江西省绿色发展指数在五年内仅次于2015年。2012年江西省环境污染治理投入占GDP比重明显增加,导致当年计算所得政府支持度有了较大提升,且当年江西省水资源承载力水平也仅次于2015年。

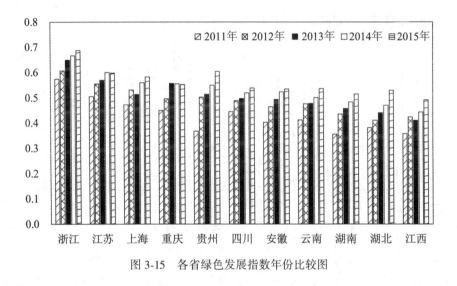

图 3-15 各省绿色发展指数年份比较图

第四节 长江经济带绿色发展潜力比较分析

一、三级指标分析

(一)发展空间三级指标分析

由图3-16可知,从水功能区达标率空间来看,从高到低排序依次为重庆、湖南、江西、安徽、湖北、云南、四川、贵州、江苏、上海、浙江;从优于Ⅲ类水河段占比空间来看,从高到低排序依次为湖南、江西、云南、重庆、湖北、贵州、安徽、四川、浙江、江苏、上海；从劣Ⅴ类水河段占比空间来看，从高到低排序依次为湖南、江西、重庆、云南、安徽、四川、湖北、浙江、贵州、江苏、上海。在三项指标中，各省市水功能区达标率空间的差距相对最小，优于Ⅲ类水河段占比空间、劣Ⅴ类水河段占比空间的差距相对较大，这可能是由于国家对水功能区水质的管控相对严格。综合三项指标得分，湖南、江西、重庆的三项得分均处于前列，其最后的水生态环境容纳空间名列前茅，江苏、上海、浙江的三项得分均排名靠后，其最终的水生态环境容纳空间也排名靠后。

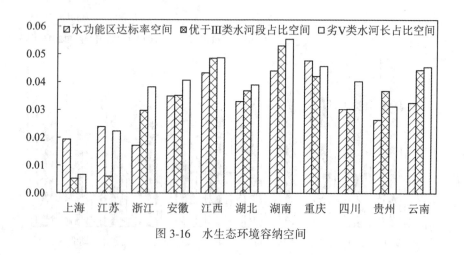

图 3-16 水生态环境容纳空间

由图 3-17 可知，从用水发展空间来看，从高到低排序依次为四川、湖北、云南、浙江、贵州、湖南、上海、重庆、江西、安徽、江苏；从人均资源量空间来看，从高到低排序依次为江西、云南、四川、贵州、湖南、浙江、重庆、湖北、安徽、江苏、上海；从湿地发展空间来看，从高到低排序依次为上海、江苏、浙江、湖北、安徽、江西、湖南、四川、重庆、云南、贵州；从供水余量空间来看，从高到低排序依次为四川、云南、江西、湖南、浙江、贵州、湖北、重庆、安徽、上海、江苏。

四项指标综合来看，各省市的水资源利用空间存在发展不均衡的现象。除了上海市外，其他省市的湿地发展空间均处于较低水平。上海市和江苏省的人均资源量空间和供水余量空间远远低于其他省市，说明两省的本地可供利用的水资源不多且供不应求。上海市的用水发展空间却显著优于江苏，可能是由于上海市可

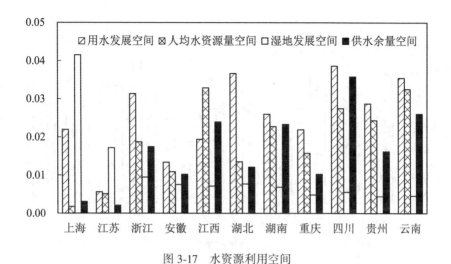

图 3-17 水资源利用空间

通过外调水资源使得其绿色发展潜力有所上升,而江苏省外调供给水资源极为有限,水资源利用空间成为江苏省未来绿色发展的最大障碍。四川、云南的用水发展空间、人均资源量空间、供水余量空间三项得分均处于前列,其最终水资源利用空间也名列前茅。

由图 3-18 可知,从万元 GDP 用水量空间来看,得分从高到低排序依次为浙江、上海、重庆、四川、江苏、湖北、云南、湖南、贵州、安徽、江西;从万元工业增加值用水量空间来看,得分从高到低排序依次为浙江、四川、江苏、云南、江西、重庆、上海、湖南、安徽、湖北、贵州;从万元农业 GDP 用水量空间来看,得分从高到低排序依次为重庆、四川、贵州、浙江、湖北、云南、湖南、安徽、江苏、江西、上海。各省市的万元 GDP 用水量空间以及万元工业 GDP 用水量空间差距不算悬殊,但是万元农业 GDP 用水量空间相差极为悬殊。浙江和四川三项指标均位于前列,因此其最终经济绿色发展空间排名分别为第一、第三。重庆市万元 GDP 用水量空间和万元农业 GDP 用水量空间均位于前列,其万元工业增加值用水量空间排名却靠后,由于万元工业增加值用水量空间的差距很小,因此其最终经济绿色发展空间排名第二。上海市万元农业 GDP 用水量空间与其他省市相差极大,导致其经济绿色发展空间排名落后。

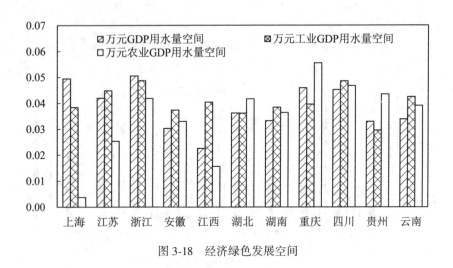

图 3-18 经济绿色发展空间

(二) 支持保障力三级指标分析

由图 3-19 可知,长江经济带各省市之间的节能环保支出与排污缴费的差距较大。从节能环保支出来看,排名依次为江苏、四川、湖南、重庆、湖北、云南、浙江、安徽、贵州、上海、江西。从排污缴费来看,排名依次为江苏、浙江、江西、四川、湖南、安徽、贵州、湖北、重庆、云南、上海。江苏省的节能

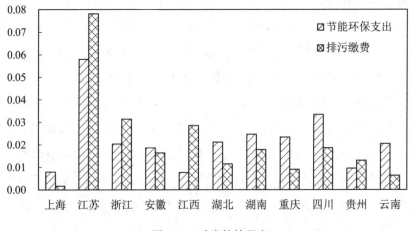

图 3-19 政府扶持程度

环保支出与排污缴费均远远领先于其他省市，可见其政府扶持程度遥遥领先，江苏省的水生态环境空间及水资源利用空间都不大，政府必须要从制度上严格管控才能保证其绿色经济发展势头。上海市节能环保支出与排污缴费分别排名第 10 和第 11，其政府扶持程度排名垫底。上海市与江苏省一样水生态环境空间及水资源利用空间都不容乐观，但是上海市政府支持程度却远远低于江苏省，可能是上海市的产业结构和科技水平领先两方面原因导致其节能环保与排污缴费的潜力不大。

由图 3-20 可知，从研究与试验发展人员占比来看，从高到低排序依次为上海、浙江、江苏、湖北、安徽、重庆、湖南、四川、江西、云南、贵州；从研究与试验发展经费投入强度来看，从高到低排序依次为上海、江苏、浙江、湖北、安徽、四川、重庆、湖南、江西、云南、贵州；从有效授权专利数来看，从高到低排序依次为江苏、浙江、上海、四川、安徽、湖北、湖南、重庆、江西、云南、贵州；从有效发明专利数来看，从高到低排序依次为江苏、上海、浙江、四川、湖北、湖南、安徽、重庆、云南、贵州、江西。四项指标中上海、江苏、浙江均占据前三名，此三省市绿色科技创新能力领先于其他省市，此三省的人才投入优于经费投入，尤其是江苏、浙江，需增加科研经费的投入。同时，江西、云南、贵州三省的四项指标排名均末尾，此三省的绿色科技创新能力远远低于其余省市，此三省需要加强科研人员及经费投入，以提高科技竞争力。湖北、安徽、四川、湖南、重庆的四项指标排名居中且不一，此五省的绿色科技创新能力处于

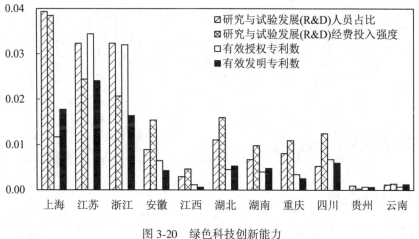

图 3-20　绿色科技创新能力

中等水平，且此五省的经费投入均优于人员投入，人才引进是提高科研竞争力的重中之重。

由图3-21可知，从当年开展的社会环境宣传教育活动数来看，从高到低排序依次为重庆、四川、上海、云南、浙江、江苏、湖南、湖北、安徽、贵州、江西。从当年开展的社会环境宣传教育活动人数来看，从高到低排序依次为重庆、江苏、贵州、浙江、四川、云南、湖南、湖北、安徽、上海、江西。从环境教育基地数来看，从高到低排序依次为江苏、浙江、湖北、重庆、云南、上海、四川、安徽、湖南、江西、贵州。重庆市三项指标排名依次为第一、第一、第四，三项指标据均处于前列，因此其绿色文化宣教排名第一。江苏省三项指标排名依次为第六、第二、第一，尤其是环境教育基地远远领先于其余省市，但是其社会环境宣传教育活动人数得分低，社会环境宣传教育活动数排名靠后，发展不协调，因此其绿色文化宣教排名最终为第二。安徽、江西、湖北、湖南、贵州要加强开展的社会环境宣传教育活动；除重庆外，其余省市参加社会环境宣传教育的人员并不广泛，需要加强；安徽、江西、湖南、贵州要加强建设环境教育基地。

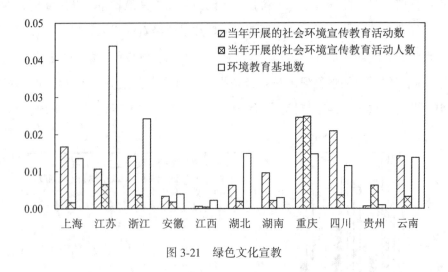

图3-21　绿色文化宣教

二、二级指标分析

(一)发展空间

从图3-22可知，长江经济带各省市发展空间排名如下：四川、湖南、云南、重庆、浙江、江西、湖北、贵州、安徽、江苏、上海。为了进一步解释长江经济带绿色经济发展空间的区域差异水平，我们详细分析了水生态环境容纳空间、水资源利用空间和经济绿色发展空间等二级指标。从水生态环境容纳空间来看，长江经济带整体水平较高，各省排名如下：湖南、江西、重庆、云南、安徽、湖北、四川、贵州、浙江、江苏、上海。从水资源利用空间来看，长江经济带11省排名如下：四川、云南、江西、湖南、浙江、贵州、湖北、上海、重庆、安徽、江苏。从经济绿色发展空间来看，各省差距相对较小，排名如下：浙江、重庆、四川、云南、湖北、江苏、湖南、贵州、安徽、上海、江西。江西、湖南、云南三省的水资源利用空间排名处于前列，同时其水生态环境容纳空间也处在前列，此三省的绿色经济发展潜力受环境资源的限制较小。重庆、安徽的水生态容纳空间排名前列，但是其水资源利用空间排名落后，在经济发展的同时应当提高水资源的利用效率。四川、浙江的水资源丰富，但是其水生态环境容纳空间较小，要注重保护水生态环境，较低水污染排放。湖北、贵州、江苏、上海四省的水资源利用空间与水生态环境容纳空间均较落后，要兼顾水资源利用效率的提高与水生态环境的保护。目前，学者对绿色经济作为解决经济危机的路径并没有形成共识，但毫无疑问，经济危机会影响环境和可持续发展①。

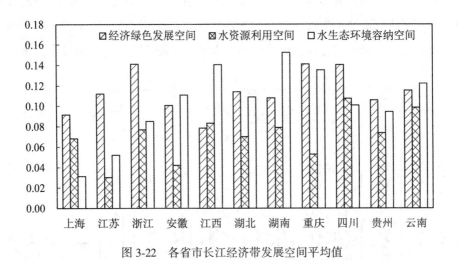

图3-22 各省市长江经济带发展空间平均值

---

① Heshmati. An Empirical Survey of the Ramifications of a Green Economy[J]. International Journal of Green Economics, 2018, 12(1): 53-85.

(二) 支持保障力

从图 3-23 可知，长江经济带各省市支持保障力排名如下：江苏、浙江、上海、重庆、四川、湖北、湖南、安徽、云南、江西、贵州。为了进一步解释长江经济带绿色经济发展支持保障力的区域差异水平，我们详细分析了绿色文化宣教、绿色科技创新能力和政府支持力等二级指标。从绿色文化宣教来看，长江经济带整体水平不高，各省市排名如下：重庆、江苏、浙江、四川、上海、云南、湖北、湖南、安徽、贵州、江西。从绿色科技创新能力来看，长江经济带 11 省市严重分化，江苏、上海、浙江分别位列前三名，且差距不大，湖北、安徽、四川、湖南、重庆处于中等水平，江西、贵州、云南的科技创新能力处于极低水平。从政府支持力来看，长江经济带 11 省市同样分化严重，江苏省政府支持力处于遥遥领先地位，上海市的政府支持力则处于落后地位，剩下的 9 省处于中等水平，排名依次为江苏、四川、浙江、湖南、江西、安徽、湖北、重庆、云南、贵州、上海。江苏省绿色文化宣教、绿色科技创新能力和政府支持力的五年平均值排名分别为第二、第一、第一，支持保障力综合排名为第一，浙江绿色文化宣教、绿色科技创新能力和政府支持力的五年平均值排名均为第三，支持保障力综合排名为第一。这充分体现了江苏、浙江两省强大且协调的绿色文化建设力度、研究创新能力以及政策支持。上海市的政府支持力极为落后，但是绿色科技创新能力排名第二，绿色文化宣教也处于中等水平，因此其综合支持保障力水平依然

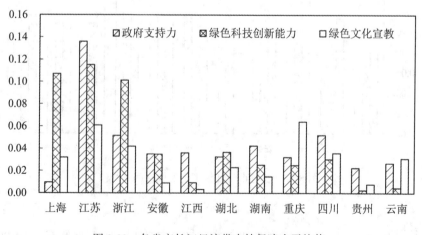

图 3-23　各省市长江经济带支持保障力平均值

能排名第三。重庆、四川的支持保障力处于中等水平,安徽、江西、湖北、湖南、贵州、云南的支持保障力处于落后水平。

三、绿色发展潜力

从长江经济带绿色发展潜力时间变化状况(图3-24)来看,2011—2015年,长江经济带绿色发展潜力整体不断上升,平均值从2011年的0.3174上升到2015年的0.4236,但是整体变化幅度不大,且区域差异很大,2011—2015年区域差异呈波动变化。每年各省市绿色发展潜力排名都在发生变化,但变化不大。除2014年浙江绿色发展潜力超过江苏外,其他年份江苏均处于领先水平,浙江紧随其后;另外四川、重庆两省也一直处于前列;湖南、湖北、上海、云南四省处于中等水平;安徽、江西、贵州长期处于低水平。根据五年的平均值(图3-25),长江经济带各省市绿色发展潜力排名如下:江苏、浙江、四川、重庆、湖南、云南、湖北、上海、江西、安徽、贵州。

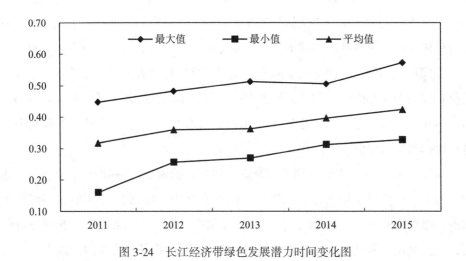

图3-24 长江经济带绿色发展潜力时间变化图

为了进一步解释长江经济带绿色发展潜力的区域差异水平,我们详细分析了发展空间和支持保障力等一级指标。四川、重庆、浙江三省的支持保障力与发展空间均排名靠前,江苏、上海的支持保障力处于领先地位,但是其发展空间却排名落后。湖南、云南的发展空间较为乐观,但是其支持保障力却相对较弱。湖

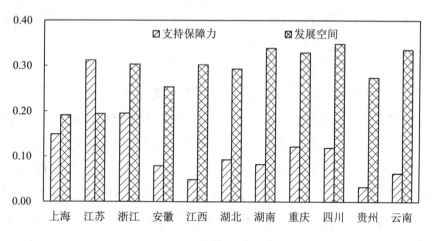

图 3-25 各省市长江经济带绿色发展潜力平均值

北、江西、贵州、安徽四省的支持保障力及发展空间均处于落后水平。由于支持保障力相差悬殊，而发展空间的差距相对较小，所以江苏省以绝对的支持保障力优势，在有限的发展空间下依然具备强大的绿色发展潜力。浙江、四川、重庆在支持保障力与发展空间的协同下，具备领先的绿色发展潜力。湖南省排名第二的发展空间加上中等水平的支持保障力，使其绿色发展潜力处于中上等水平。上海的支持保障力虽然强大，但是其发展空间却限制了绿色经济发展，其绿色发展潜力排名靠后。除江苏省外，其余省市的发展空间均优于支持保障力，需要提升支持保障力水平以协同发展空间。

由图 3-26 可知，安徽、湖北、湖南、四川、云南 2011—2015 年绿色发展潜力呈现上升趋势。上海、江苏、浙江、江西、重庆、贵州 2011—2015 年绿色发展潜力出现波动。上海市 2012 年及 2015 年的绿色发展潜力较上一年出现下降情况，主要是由于发展空间的波动。江苏省在 2014 年的绿色发展潜力较上一年出现下降情况，主要是由于政府支持力发生波动。浙江、江西、重庆在 2013 年的绿色发展潜力较上一年出现下降情况，浙江和江西省是由于发展空间的波动，而重庆市是由于支持保障力的波动。贵州在 2015 年的绿色发展潜力出现下降情况，主要是由于支持保障力的波动。

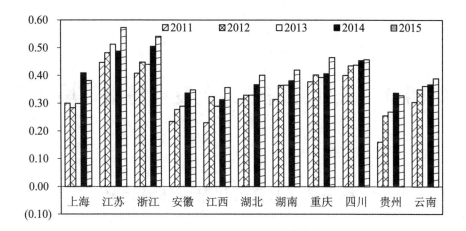

图 3-26　各省市长江经济带绿色发展潜力变化图

第四章 长江经济带绿色发展与水环境安全

第一节 长江经济带水环境状况

一、长江经济带的区域范围

长江是我国第一长河,西起青藏高原的各拉丹东,东至东海,全长约6300千米,流域面积约180万平方公里。长江干流流经青海省、西藏省、四川省、云南省、重庆市、湖北省、湖南省、江西省、安徽省、江苏省、上海市,支流流经贵州省、甘肃省、陕西省、河南省、广西壮族自治区、广东省、浙江省、福建省。在2014年3月,"依托黄金水道,建设长江经济带"被正式写入政府工作报告,在分析水资源利用状况的基础上,结合长江经济带的实际情况,本书选取了云南省、四川省、重庆市、贵州省、湖北省、湖南省、江西省、安徽省、江苏省、上海市、浙江省等11个主要省市,即长江经济带覆盖的11个省市,运用数理统计法从各个方面综合分析考虑了长江经济带在水资源利用上的差异。

二、长江经济带各省市的水环境质量分析

本书用优于Ⅲ类(含Ⅲ类)水河长的比例、劣Ⅴ类水河长的比例以及重点水功能区水质达标情况来分析比较长江经济带11省市的水环境质量。2011年之前的数据存有缺失情况,即部分省市未进行此项情况的统计,故本部分的水环境质量情况数据为2011—2016年数据的平均值。

(一)长江经济带各省市不同水质河长占比

由图4-1可知,在上游四省中重庆市的水质排在第一,而四川省的水质在四

个省市中排在最后。而在长江经济带中游三省里湖南省的水质情况最佳,其次是江西省、湖北省。其中湖南省的劣Ⅴ类水占比仅为0.1%。长江经济带下游四省的水环境质量以安徽省的水质为最佳,浙江次之,上海市的水质为四省最差(我们可以发现上海市的水质将近35%为优于Ⅲ类水,31%为劣Ⅴ类水,上海市的大部分水质都属于Ⅳ类水)。除此之外,我们可以发现,各个省市中优于Ⅲ类水河长占比越高,劣Ⅴ类水河长占比则越低。如图4-1、图4-2所示。

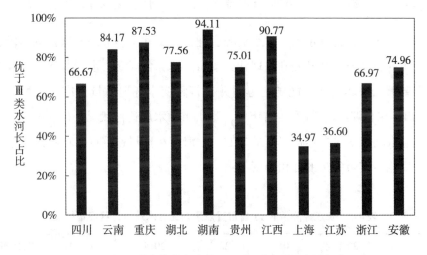

图4-1 长江经济带各省市优于Ⅲ类(含Ⅲ类)水河长占比

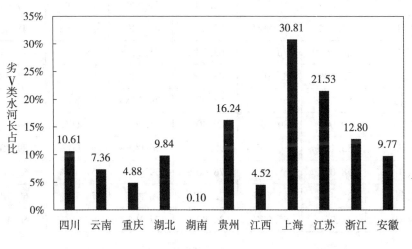

图4-2 长江经济带各省市劣Ⅴ类水河长占比

从空间分布来看，综合长江经济带各段的水质情况，我们发现长江经济带中游的水质在整个区域中最佳。可能是由于以下两点原因：一是上游地区的民众环保意识比不上中部、东部地区，且经济发展、科学技术水平也跟不上中部、西部地区，所以上游的水质较劣于中部；二是下游地区民众的环保意识较强，且经济发展水平、科学技术水平也较高，但是东部地区面积较小，人口基数大，且各类工厂工业发达，对水资源的影响大，导致下游水质也劣于中游水质。

(二)长江经济带各省市的重点水功能区水质达标状况

水功能区是指为满足人类对水资源合理开发、利用、节约和保护的需求，根据水资源的自然条件和开发利用现状，按照流域综合规划、水资源保护和经济社会发展要求，依其主导功能划定范围并执行相应水环境质量标准的水域。由表4-1可知，在长江经济带的11省市中，重庆市的水质达标状况是最佳的，而浙江省的重点水功能区水质达标率是最差的。上海市和贵州省重点水功能区的达标率有较大变化，其余省市的变化幅度不大。

表4-1 长江经济带的11省市重点水功能区水质达标状况记录表

省市	2011年	2012年	2013年	2014年	2015年	2016年
上海	36.67%	34.95%	36.67%	100.00%	48.30%	51.32%
江苏	58.00%	55.30%	56.10%	56.50%	61.30%	57.44%
浙江	54.10%	45.90%	39.50%	47.00%	55.90%	48.48%
安徽	68.10%	70.90%	68.80%	75.00%	78.90%	72.34%
江西	80.00%	83.10%	83.10%	83.60%	87.60%	83.48%
湖北	54.70%	64.60%	68.60%	79.30%	81.50%	69.74%
湖南	79.00%	80.00%	89.30%	85.40%	88.60%	84.46%
重庆	85.19%	80.20%	90.60%	96.00%	95.00%	89.40%
四川	68.09%	68.10%	76.60%	59.60%	57.40%	65.96%
贵州	25.40%	63.40%	72.20%	72.20%	70.70%	60.78%
云南	44.00%	65.90%	76.80%	77.10%	81.70%	69.10%

第二节 数据与方法

一、基于 PSR 模型构建指标评价体系

(一) 压力-状态-响应模型(P-S-R)

很多学者在环境安全评价指标体系框架研究上做出了很多探索,目前形成了两类应用较广泛的建立模式:一类是环境-经济-社会(E-E-S)模型,另一类是压力-状态-响应(P-S-R)模型。

在生态环境研究得到关注的早期,人们就意识到环境安全是一个涉及多领域、多元素的复杂问题,因此在充分考虑环境安全三要素的前提下,设计了环境、经济、社会三位一体的复合框架①。在此基础上,发展形成了资源-环境-经济-社会(R-E-E-S)②、人口-资源-环境-发展(P-R-E-D)③等模式。人类经济社会在发展过程中消耗资源、破坏环境,同时资源与环境也会反作用于经济社会的发展。该模式从一定程度上反映了环境安全所涵盖的各层面要素,但是缺乏操作性以及对环境安全系统的针对性。

1979 年加拿大统计学家 Rapport 和 Friend 提出压力-状态-响应(P-S-R)模型,1990 年由联合国 OECD(经合组织)和 UNEP(环境规划署)应用于环境指标研究计划④并取得了良好的研究效果,此后 PSR 模型得以广泛应用。该模型以因果关系为基础,主要目的是诊断环境系统的持续性,剖析环境系统内在的因果关系,构建人类与环境影响之间的因果链,得到较为普遍的认可与应用⑤。随后由此衍生出驱动力-状态-响应(D-S-R)、驱动力-压力-状态-响应(D-P-S-R)和驱动力-压力-

---

① 刘岩岩. 基于突变理论的吉林省辽河流域生态安全研究[D]. 长春:吉林大学,2015.
② 刘征. 区域矿产资源安全分析方法及安全信息管理系统研究[D]. 长沙:中南大学,2011.
③ 马文红. 干旱区生态环境演变的人口因素分析——以塔里木河流域为例[D]. 北京:中国科学院,2007.
④ Walz. Development of Environmental Indicator Systems:Experiences from Germany[J]. Environmental Management,2000,25(6):613-623.
⑤ 郑华伟,张锐,孟展,等. 基于 PSR 模型与集对分析的耕地生态安全诊断[J]. 中国土地科学,2015(12):42-50.

状态-影响-响应(D-P-S-I-R)等模式。驱动力(Driving)是指引起环境安全压力的社会经济或人类活动的起始因子,是潜在因素;压力(Pressure)即对环境安全状态产生影响的指标,是直接因素;状态(State)是当前环境安全所处的状态,这一指标主要为描述环境安全系统物理现象、生物现象和化学现象的数量和质量;影响(Impact)指状态变化下表现出来的结果,反映了环境安全状态变化给环境、经济社会造成的后果;响应(Response)是指为了维护环境安全系统功能、削减对环境造成的负面影响而采取的积极措施。

驱动力是压力的起因,但驱动力不一定会产生压力,在评价过程中,由于技术水平、消费水平、生活习惯等客观因素,不同地区单位驱动力产生的压力也不尽相同,长江经济带11省市的水环境安全驱动力指数对于水环境安全评价的意义不大;对于影响因素,受现有统计口径的限制,很难去判断指标是"状态"还是"影响",再加上水环境安全系统变化的复杂性和相关知识的欠缺,很难精准地定义和量化影响因素①。因此,本书舍弃驱动力及影响两个因素,选择应用更为广泛、更加成熟的压力-状态-响应模型(P-S-R)建立长江经济带水环境安全评估体系。

(二)指标体系构建

1. 构建原则

水环境安全系统是具有复杂性、综合性、整体性等特点,理论上凡能以数量表现的客观范畴和事实均可构成评价指标,但在实际中为了避免评价系统庞杂无法操作,往往选取那些稳定性强、相关性好、能够较好反映水环境安全的指标。指标选取作为评价的重要一环,在指标筛选时需遵循以下几点原则。

(1)科学性与可操作性结合

指标应符合生态学、经济学原理以及农、林、牧、渔等学科的基本原理,且具有清晰、明确的科学内涵。同时,指标应具有可操作性的特点,易于从国民经济统计数据、环保部门现有的资料以及相关部门资料中获取,要考虑现有科技水平,有利于水环境安全评价的顺利开展。在选取指标时应当遵循简洁、方便、有效、实用的原则,真正使得指标的选取便于评价的操作。

---

① 高波. 基于DPSIR模型的陕西水资源可持续利用评价研究[D]. 西安:西北工业大学,2007.

(2) 综合性和代表性结合

水环境是一个复杂的系统，涉及社会、经济、生态、环境等多个系统，同时又涉及多门学科，具有综合性，因此在选择评价指标时应尽可能全面。但将所有的指标因素都选取在内又不现实，这就需要区别主次轻重，选择具有代表性的主导性指标，要保证指标不以偏概全，能代表水环境安全的变化特征。

(3) 静态性和动态性结合

一方面，为了维持评价的准确性，在选取指标时必须选择一些内容稳定的指标；另一方面，水环境系统是不断发展变化的，具有动态性，因此在选择指标时也需要选择一些对时空变化具有敏感度的动态性指标元素。静态指标反映区域水环境安全系统发展的状况，动态指标反映水环境安全系统发展的过程，两者相互影响、相互作用，对于保证水环境安全评价的系统性、准确性必不可少，缺一不可。

(4) 共性和个性结合

指标的选取应遵循共性和个性相结合的原则。在指标选取时，首先要选取那些通用的被广泛接受的具有普适性的一般指标，其次要充分考虑环境安全的独特性，并根据研究区域经济、环境、社会等发展的不同特征，选取能体现区域自身特点的指标体系，即考虑指标的个性。同时，为了便于和其他地区进行横向分析，在指标选取时要考虑指标体系的可比性。

(5) 定性指标和定量指标结合

在确定指标的过程中，为了弥补单纯定量评价的不足及数据本身存在的缺陷，并考虑使评价具有客观性，便于数学模型处理，就需要选取一些定性的指标。定性与定量相结合，更有利于评价的科学性与准确性。

2. 体系结构

根据指标选取原则，充分调查长江经济带社会经济和生态环境状况之后，建立了一个具有目标层、准则层、半准则层和指标层的四层次结构的长江经济带水环境安全研究指标体系。

以水环境安全为目标，结合 PSR 框架的要求，从水环境安全压力、水环境安全状态和水环境安全响应三个方面，分别选择评价指标。由于水环境安全压力的因素较多，为了研究结果的准确性和科学性，水环境安全压力的半准则层又进行了二次细分。综上，分别从三个方面共选择了 30 个评价指标，建立了长江经济带水环境安全研究指标体系，见表 4-2。

表 4-2 指标体系

目标层 A	准则层 B	半准则层 C	指标层 D
A 长江经济带水环境安全	B1 压力指数	C1 社会水资源消耗	D1 人均用水量
			D2 人均生活用水量
			D3 人均耕地灌溉面积
		C2 社会水污染排放	D4 人均废水排放量
			D5 人均 COD 排放量
			D6 人均氨氮排放量
		C3 经济水资源消耗	D7 单位工业增加值耗水量
			D8 单位农业增加值耗水量
		C4 经济水污染排放	D9 单位工业增加值废水排放量
			D10 单位工业增加值 COD 排放量
			D11 单位农业增加值 COD 排放量
			D12 单位农业增加值氨氮排放量
	B2 状态指数	C5 资源供给	D13 人均水资源量
			D14 产水模数
			D15 年降水量
		C6 环境质量	D16 河流断面优于三类水占比
			D17 劣于五类水占比
			D18 水功能区达标率
		C7 生态状况	D19 自然湿地面积占比
			D20 人工湿地面积占比
			D21 森林覆盖率
	B3 响应指数	C8 环境监管	D22 排污收费占 GDP 比
			D23 环保能力建设投资占 GDP 比
			D24 重金属排放达标重点企业占比
			D25 清洁生产企业占比
		C9 治理效益	D26 水资源重复利用率
			D27 城市污水处理率
			D28 节灌率
		C10 项目建设与投资	D29 污水处理总能力
			D30 工业废水污染治理项目完成投资占 GDP 比

二、数据来源

压力指数下的指标层数据及来源如下。①人均用水量：用水量与区域人口总数的比值，单位：亿立方米/万人，用水量数据来源于《长江年鉴》，人口数据来源于《中国统计年鉴》。②人均生活用水量：生活用水量与区域人口总数的比值，单位：亿立方米/万人，生活用水量数据来源于《中国环境统计年鉴》。③人均耕地灌溉面积：耕地灌溉面积与区域人口总数的比值，单位：千公顷/万人，耕地灌溉面积数据来源于《长江年鉴》。④单位工业增加值耗水量：工业耗水量与工业增加值的比值，单位：立方米/元，工业耗水量数据来源于《长江年鉴》，工业增加值数据来源于《中国统计年鉴》。⑤单位农业增加值耗水量：农业耗水量与农业增加值的比值，单位：立方米/元，农业耗水量数据来源于《长江年鉴》，农业增加值数据来源于《中国统计年鉴》。⑥人均废水排放量：废水排放总量与区域人口总数的比值，单位：吨/人，废水排放量数据来源于《长江年鉴》。⑦人均COD排放量：COD排放量与区域人口总数的比值，单位：吨/人，COD排放量数据来源于《长江年鉴》。⑧人均氨氮排放量：氨氮与区域人口总数的比值，单位：吨/人，氨氮排放量数据来源于《长江年鉴》。⑨单位工业增加值废水排放量：工业废水排放量与工业增加值的比值，单位：吨/亿元，工业废水排放量数据来源于《长江年鉴》。⑩单位工业增加值COD排放量：工业COD排放量与工业增加值的比值，单位：吨/亿元，工业COD排放量数据来源于《长江年鉴》。⑪单位农业增加值COD排放量：农业COD排放量与农业增加值的比值，单位：吨/亿元，工业COD排放量数据来源于《长江年鉴》。⑫单位农业增加值氨氮排放量：农业氨氮排放量与农业增加值的比值，单位：吨/亿元，农业氨氮排放量数据来源于《长江年鉴》。

状态指数下的指标层数据及来源如下。①人均水资源量：水资源总量与人口总数的比值，单位：立方米/人，数据来源于《中国环境统计年鉴》。②产水模数：水数据来源于资源总量与行政区域土地面积的比值，单位：立方米/平方米，水资源总量数据来源于《中国环境统计年鉴》，行政区域土地面积数据来源于各省的统计年鉴。③年降水量：一年中从天空降落到地面上的液态和固态（经融化后）降水，没有经过蒸发、渗透和流失而在水平面上积聚的深度，单位：毫米，数据来源于《中国环境统计年鉴》。④优于三类水占比：水质优于三类（含三类）的河流断面占总监测断面的比值，数据来源于各省市的环境质量状况公报、水资源公报。⑤劣五类水占比：水质劣于五类（不含五类）的河流断面占总监测断面的比值，数据来源于各省市的环境质量状况公报、水资源公报。⑥水功能区达标率：水质达标的重点水功能区占比，数据来源于各省市的环境质量状况公报、水资源公报。⑦自然湿地面积占比：自然湿地面积与行政区域土地面积的比值，单位：平方米/平方米，自然湿地面积数据来源于《中国统计年鉴》。⑧人工湿地面积占比：人工湿地面积与行政区域土地面积的比值，单位：平方米/平方米，人工湿地面积数据来源于《中国统计年鉴》。⑨森林覆盖率：森林覆盖面积与行政区域土地面积的比值，数据来源于《中国环境统计年鉴》。

响应指数下的指标层数据及来源如下。①排污收费占比：排污费与 GDP 的比值，单位：亿元/亿元，排污费数据来源于《中国环境年鉴》，GDP 数据来源于《中国统计年鉴》。②环保能力建设投资占比：环保能力建设投资与 GDP 的比值，环保能力建设投资数据来源于《中国环境年鉴》。③重金属排放达标重点企业占比：重金属排放达标重点企业数与规模以上工业企业单位数的比值，重金属排放达标重点企业数据来源于《中国环境年鉴》，规模以上工业企业单位数据来源于《中国统计年鉴》。④清洁生产企业占比：清洁生产企业数与规模以上工业企业单位数的比值，清洁生产企业数据来源于《中国环境年鉴》。⑤水资源重复利用率：水资源重复利用量与总用水量的比值，数据来源于《中国环境年鉴》。⑥城市污水处理率：城市污水处理量与城市污水总量的比值，数据来源于《中国环境年鉴》。⑦节灌率：节水灌溉面积与耕地灌溉面积的比值，节水灌溉面积数据来源于《中国环境统计年鉴》。⑧污水处理总能力：企业内部的所有废水治理设施实际具有的废水处理能力，单位：万吨/日，数据来源于《中国环境统计年鉴》。⑨工业废水污染治理项目完成投资占 GDP 比：工业废水污染治理项目完成投资与 GDP 的比值，单位：万元/亿元，工业废水污染治理项目完成投资数据来源于《中国环境统计年鉴》。

三、基于突变理论构建省域尺度水环境安全评价突变模型

（一）突变理论

突变理论是由法国数学家勒内·托姆在 1968 年提出，是系统论的重要组成部分，研究的是动态系统中出现的不连续变化现象。近年来，随着对突变理论研

究的不断深入，突变理论在理论和应用上都取得了较大的发展。

人们认为，自然界中存在两种基本的变化方式。第一种是连续性的变化。这类变化可以运用高等数学中的微积分学得到很好的描述和解释。第二种是不连续性的飞跃，如梁的突然倒塌、金属发生的相变、水的沸腾、细胞的分裂、人类情绪的波动等。复杂系统的状态从一种形式突然跳到另一种形式，中间是不连续的，系统内部状态的整体性"突跃"就称为突变，具有过程连续而结果不连续的特点。随着对突变理论的不断深入研究和运用，人们发现在自然界中存在许多突变现象，突变包括的范围较为广泛。突变理论还可以被用来认识和预测复杂的系统行为，而水环境安全系统正是这类变化的系统，所以，突变理论非常适合对水环境安全系统的变化行为进行研究[1]。

任何理论都是基于一些前提和假设提出来的，突变理论的前提基本假设为：一个系统在任何时刻的状态都是可以完全由给定的 n 个变量(X_1, X_2, $\cdots$, X_n)的值通过某种函数关系确定，这一函数关系称为系统的势函数，n 值是有限的，但可以很大，同时也假设系统受到 m 个独立变量(U_1, U_2, $\cdots$, U_m)的控制，这些变量的值决定了 X_i 的值，X_i 不完全唯一。我们将 X_i 叫做状态变量，U_i 叫做控制变量。突变理论认为，如果给定状态变量和控制变量，结合相应的势函数即可确定系统所处的状态和发生的变化，此时系统的状态可用势函数进行表示。

当控制变量的数目不大于4，状态变量的数目不超过2个时，存在7种初等突变的基本类型。它们分别是：折叠型突变模型、尖点型突变模型、燕尾型突变模型、蝴蝶型突变模型、双曲型突变模型、椭圆型突变模型、抛物型突变模型。一般的研究应用较多的是前四种突变模型。7种初等突变所含的变量的控制变量和状态变量数目，见表4-3。

表4-3　7种突变基本类型控制、状态变量数量表

突变类型	折叠模型	尖点模型	燕尾模型	蝴蝶模型	双曲型	椭圆型	抛物型
控制变量	1	2	3	4	3	3	4
状态变量	1	1	1	1	2	2	2

---

[1] 徐琳瑜，康鹏，刘仁志. 基于突变理论的工业园区环境承载力动态评价方法[J]. 中国环境科学，2013，33(6)：1127-1136.

1. 突变级数法的计算过程

第一步是建立层次评价结构体系：根据研究的总体目标，向下逐层分解为相关的影响因素，排列成树状的层次结构，使复杂、难以量化的上层指标逐渐分解为简单、易于量化的评价指标。评价所需的层次和指标确定后，需将同一层次的指标按相对重要性从前到后进行排列。由于初等突变类型的控制变量不多于4个，所以要求各层次的评价指标数量不超过4个，超过4个时应该根据相对重要性进行取舍。

第二步是确定各层次突变模型类型：在突变模型中，当状态变量为1时，有折叠突变、尖点突变、燕尾型突变和蝴蝶型突变四种基本初等突变模型，见表4-4。

表4-4 4种基本突变模型表

突变类型	控制变量数目	势函数	分歧集方程	归一化方程
折叠型突变	1	$f'(x) = x^3 + ux$	$U = -3x^2$	$Xu = u^{1/2}$
尖点型突变	2	$f'(x) = x^4 + ux^2 + vx$	$U = -6x^2; v = 8x^3$	$Xu = u^{1/2};$ $Xv = v^{1/3}$
燕尾型突变	3	$f'(x) = 1/5x^5 + 1/3ux^3 + 1/2vx^2 + wx$	$U = -6x^2; v = 8x^3;$ $w = -3x^4$	$Xu = u^{1/2}$ $Xv = v^{1/3}\ Xw = w^{1/4}$
蝴蝶型突变	4	$f'(x) = 1/6x^6 + 1/4ux^4 + 1/3vx^3 + 1/2wx^2 + tx$	$U = -10x^2; v = 20x;$ $w = -15x^4; t = 4x^5$	$Xu = u^{1/2}; Xv = v^{1/3}$ $Xw = w^{1/4}; Xt = t^{1/5}$

第三步是运用势函数确定分歧集方程和归一化公式：在突变理论中，势函数为其研究对象，势函数的所有临界点集合构成一个平衡曲面，可以通过将势函数 $V(x)$ 分别求一阶倒数 $V'(x)$ 和二阶倒数 $V''(x)$，并将 $V'(x)=0$ 和 $V''(x)=0$ 两个方程联立，消去 x，即可求得该突变模型的分歧点集方程。

第四步是运用归一化公式进行综合评价：因为突变模型中的状态变量和控

制变量取值范围不同，为了进行评价和比较，要将状态变量和控制变量进行归一化处理，使其取值范围为0~1。通过对分歧集方程进行推导可以得出4种初等突变模型的归一化公式，见表4-4。结合突变理论中的互补性和非互补性运算原则，运用归一化公式由下到上进行递归运算，最后可得到突变系统总的隶属度函数综合值，用于综合评价和分析。

2. 取值原则

评价决策时，根据实际问题的性质不同，可以采用三种不同准则[①]。

第一种为非互补准则。即一个系统的诸多控制变量之间，其作用不可相互替代，即不可相互弥补其不足时，按"大中取小"原则取值。

第二种为互补原则。即诸多控制变量之间可以相互弥补其不足时，按其均值取用。

第三种为过闭互补准则。即诸多控制变量必须达到某一阀值后才可互补。

(二) 长江经济带水环境安全评价突变模型

为了采用突变理论中的突变级数法对长江经济带水环境安全进行研究，要构建长江经济带水环境安全突变体系。以建立的长江经济带水环境安全指标体系为框架基础，分别根据状态变量和控制变量的数目来确定突变模型的类型，最终建立起长江经济带水环境安全突变体系。在突变理论中，状态变量为1、控制变量不多于4个时共有4种突变模型，称为初等突变，其应用也最为广泛。当状态变量为1，控制变量分别为1~4时，突变模型分别为折叠型突变、尖点型突变、燕尾型突变和蝴蝶型突变，突变模型的选择对于突变理论的应用至关重要。突变模型类型的选择是由状态变量和控制变量个数共同决定的。例如，状态变量数目为1，控制变量数目同为1时，对应的初等突变模型就是折叠型突变，与该突变模型对应的势函数和分歧集方程也就相应确定。当然控制变量的数目不同对应的突变模型也不相同。所以，状态变量为1，控制变量分别为2、3、4时的初等突变模型类型均可确定。将上述突变模型类型的确定方法与长江经济带水环境安全指标体系相结合，从上到下依次确定突变模型的类型。以最顶层的目标层"长江经济带水环境安全A"为突变中心和第二层准则层"水环境安全压力B1""水环境安

---

① 周绍江. 突变理论在环境影响评价中的应用[J]. 人民长江, 2003, 34(2): 52-54.

全状态 B2""水环境安全响应 B3"构成了一个初等突变单元,目标层 A 为状态变量,控制变量分别为准则层的 B1、B2、B3,根据突变理论,状态变量数目为 1、控制变量的数目为 3,形成了燕尾型突变模型。同理,按照评价指标体系,依次分别以上一层为中心,形成突变单元,确定相应的突变模型类型,到指标层为止。最终形成了长江经济带水环境安全突变体系,如图 4-3 所示。

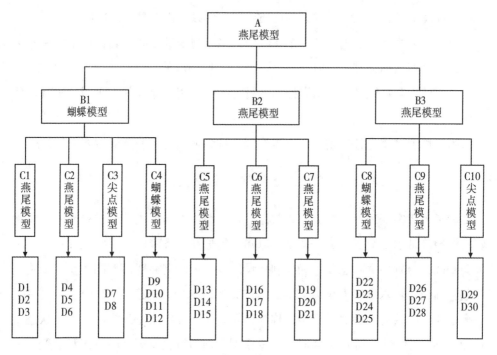

图 4-3　长江经济带水环境安全评价突变模型

在准则层的三个指标中,压力指数(B1)能够对环境安全产生最直接、最显著的破坏和扰动,状态指数(B2)主要反映环境安全系统能够接受扰动的能力,响应指数(B3)反映人类社会对环境安全变化进行补救的措施,因此将压力指数放于最优先位置,状态指数其次,相应指数排在末位。

在半准则层的指标中,压力指数下属的四个指数中,水资源消耗是源头,水污染排放在末端,社会产生的压力比经济活动产生的压力范围更广,因此优先顺序依次如下:社会水资源消耗(C1)、社会水污染排放(C2)、经济水资源消耗(C3)、经济水污染排放(C4);状态指数下属的三个指标中,根据知网检索发现学术界对水资源的研究远多于水环境质量，生态状况间接影响水环境安全状态，因此优先顺序依次如下：资源供给(C5)、环境质量(C6)、生态状况(C7)；响应指数下属的三个指标中，环境监管的程度对于水环境安全的影响最大，项目建设与投资对水环境安全的影响最小，因此优先顺序依次如下：环境监管(C8)、治理效益(C9)、项目建设与投资(C10)。

在指标层的指标中，社会水资源消耗下属的三个指标中，总用水量比生活用水及耕地灌溉面积涵盖的范围要广，且生活用水比耕地灌溉用水对水环境安全的影响更大，因此优先顺序依次如下：人均用水量(D1)、人均生活用水(D2)、人均耕地灌溉面积(D3)。社会水污染排放下属的三个指标中，在很多研究中废水排放量比污染物排放量的权重大[①]，废水污染物 COD 直接消耗水中溶解氧进而影响整个水体及其生物，氨氮通过造成水体富营养化进而消耗水中溶解氧，因此优先顺序依次如下：人均废水排放量(D4)、人均 COD 排放量(D5)、人均氨氮排放量(D6)。经济水资源消耗下属的两个指标中，工业用水比农业用水对水环境安全的影响更大，因此优先顺序依次如下：单位工业增加值耗水量(D7)、单位农业增加值耗水量(D8)。经济水污染排放下属的四个指标中，优先顺序依次如下：单位工业增加值废水排放量(D9)、单位工业增加值 COD 排放量(D10)、单位农业增加值 COD 排放量(D11)、单位农业增加值氨氮排放量(D12)。资源供给下属的三个指标中，人均水资源量是衡量水资源供给的最直观指标，产水模数也能从一定程度上反映区域水资源状况，降水量影响水资源量，因此优先顺序依次如下：人均水资源量(D13)、产水模数(D14)、年降水量(D15)。在环境质量下属的三个指标中，河流断面优于三类是可供人类使用的优良水体，对人类生活与生态影响最大，劣于五类水对人类与生态都有较大影响，水功能区主要对人类生活产生影响，因此优先顺序依次如下：断面优于三类水占比(D16)、劣于五类水占比(D17)、水功能区达标率(D18)。生态状况下属的三个指标中，自然湿地对水环境安全影响最大，人工湿地影响次之，森林覆盖率的影响相对间接，因此优先顺序依次如下：自然湿地面积占比(D19)、人工湿地面积占比(D20)、森林覆盖率(D21)。环境监管下属的四个指标中，排污收费反映政策严格度，影响最大，环保能力建设投资一定程度上反映环保队伍能力，影响其次，重金属排放达

---

① 李琳. 基于 PSR 模型的镇江市水环境安全评价研究[D]. 镇江：江苏大学，2010.

标企业占比与清洁生产企业占比能反映了监察执行程度,因此优先顺序依次如下:排污收费占 GDP 比(D22)、环保能力建设投资占 GDP 比(D23)、重金属排放达标重点企业占比(D24)、清洁生产企业占比(D25)。治理效益下属的三个指标中,水资源重复利用率是从源头上治理,城市污水处理率是从末端治理,节灌率则只反映农业中节水措施,因此优先顺序依次如下:水资源重复利用率(D26)、城市污水处理率(D27)、节灌率(D28)。项目建设与投资下属的两个指标中,污水处理总能力比工业废水污染治理项目完成投资更能体现政府及企业对水环境安全保护项目的响应程度,因此优先顺序依次如下:污水处理总能力(D29)、工业废水污染治理项目完成投资占 GDP 比(D30)。

四、水环境安全分级标准

参考学者们已有的研究成果,水环境安全等级分为 5 级,即安全良好等级、安全较好等级、安全预警等级、安全中警等级、安全重警等级,对应传统的生态安全综合指数分别为 0.8~1、0.6~0.8、0.4~0.6、0.2~0.4、0.2~0。采用突变理论中的突变级数法对长江经济带水环境安全进行研究,需要将传统的安全综合指数分级标准转变为突变理论下的安全等级分级标准,即将各评价指标分别取 0.8、0.6、0.4、0.2 时,计算安全综合隶属度。

表 4-5 基于突变理论的长江经济带生态安全分级值

安全等级	传统等级数值	压力突变等级	状态突变等级	响应突变等级	综合突变等级
重警	[0-0.2)	[0-0.8332)	[0-0.7529)	[0-0.8180)	[0-0.9097)
中警	[0.2-0.4)	[0.8332-0.9000)	[0.7529-0.8494)	[0.8180-0.8907)	[0.9097-0.9471)
预警	[0.4-0.6)	[0.9000-0.9425)	[0.8494-0.9125)	[0.8907-0.9371)	[0.9471-0.9699)
较好	[0.6-0.8)	[0.9425-0.9743)	[0.9125-0.9606)	[0.9371-0.9719)	[0.9699-0.9867)
良好	[0.8-1)	[0.9743-1)	[0.9606-1)	[0.9719-1)	[0.9867-1)

第三节　长江经济带省域尺度水环境安全综合评价

一、水环境安全评价结果

由长江经济带水环境安全度年际变化图（图4-4）可知，2011—2015年，长江经济带水环境安全整体由Ⅴ级重警类别上升为Ⅳ级中警类别，长江经济带水环境安全最差的省市一直处于Ⅴ级重警类别，长江经济带水环境安全最好的省市则由Ⅳ级中警类别上升为Ⅲ级预警类别，长江经济带整体、最差区域及最好区域水环境安全度都在上升，且区域间差异在缩小。2013年，长江经济带水环境安全显著下降，原因是2013年江苏省的水环境安全度出现异常，降低为0。

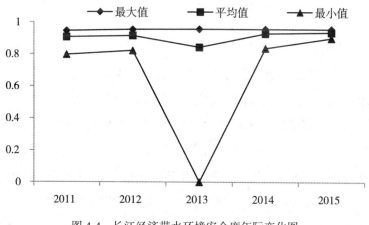

图4-4　长江经济带水环境安全度年际变化图

根据各省市五年平均值绘制长江经济带水环境安全度分布图（图4-5）可知，水环境安全度排序如下：江西、浙江、四川、云南、湖南、贵州、湖北、重庆、安徽、上海、江苏。其中，江西、浙江两省的水环境安全处于Ⅲ级预警类别，四川、云南、湖南、贵州、湖北、重庆、安徽七省处于Ⅳ中警类别，上海、江苏两省处于Ⅴ级重警类别。整体而言，长江经济带的水环境安全度都不理想。

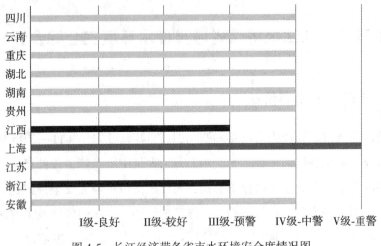

图 4-5 长江经济带各省市水环境安全度情况图

二、水环境安全主要风险因子识别

从准则层因子来看，水环境安全度与压力、状态、响应指数间为非互补关系，由突变模型可知，上海、江苏、安徽、江西、湖北、重庆、四川、贵州、云南九省的水环境安全度由状态指数决定，浙江、湖南两省的水环境安全度由压力指数决定。由此计算指标层对长江经济带水环境安全度贡献度，取状态指数中贡献度最低的前三个指标作为上海、江苏、安徽、江西、湖北、重庆、四川、贵州、云南九省市的主要风险因子，取压力指数中贡献度最低的前五个指标作为浙江、湖南两省的主要风险因子。最终各省市主要风险因子识别如下：

上海：人均水资源量>产水模数>降水量；

江苏：人均水资源量>降水量>产水模数；

浙江：人均生活用水>单位工业增加值废水排放量>人均废水排放量>单位农业增加值氨氮排放量>单位农业增加值 COD 排放量；

安徽：人均水资源量>降水量>产水模数；

江西：人均水资源量>产水模数>降水量；

湖北：产水模数>人均水资源量>降水量；

四川：产水模数>降水量>人均水资源量；

云南：产水模数>降水量>人均水资源量；

湖南：人均生活用水>人均 COD 排放量>单位农业增加值 COD 排放量>人均氨氮排放量>单位农业增加值氨氮排放量；

重庆：自然湿地面积占比>人工湿地面积占比>森林覆盖率；

贵州：自然湿地面积占比>人工湿地面积占比>森林覆盖率。

第五章 长江经济带绿色发展与水资源承载力

第一节 长江经济带水资源概况

从图 5-1 可知,长江经济带水资源总量十分巨大,2016 年我国水资源总量为 30150 亿立方米,长江经济带水资源总量即达到一半之多,水资源总量丰饶。2005—2016 年,长江经济带水资源总量都在 12000 亿立方米上下波动,而从 2013 年开始呈现逐年上升的趋势,在 2016 年甚至达到了 15387.7 亿立方米,长江流域的水资源总量较多。

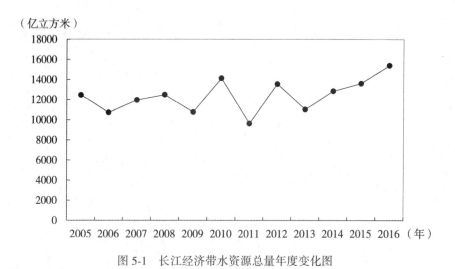

图 5-1 长江经济带水资源总量年度变化图

从各省水资源总量的年度变化数据来看,各省变化趋势都无较大差异,且其与长江流域整体的水资源总量年度变化图也相差不大。我们这里便通过各省市

2005—2016年的水资源总量的平均值进行空间上的对比分析。

如图5-2所示，综合长江流域11省市对比来说，水资源最丰富的是四川省，其次是云南省，第三是湖南省；而水资源总量最小的省市为上海市，然后是江苏省排倒数第二，重庆市排倒数第三。若以长江经济带三段比较，水资源最丰富的域段则是上游，上游位于一、二级阶梯交界，地势差使得落差大、河流的流量大；中游的水资源平均值与上游相差不大，排在第二，中游地段河流众多，江宽水深；相对而言最贫瘠的则是下游段。

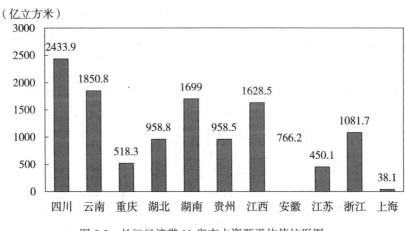

图5-2 长江经济带11省市水资源平均值柱形图

长江经济带11省市的行政面积不一，单以水资源总量的平均值来论水资源的丰富程度或有偏颇。于此，我们采用以下两个指标来衡量11个省市的水资源状况：一是人均水资源量，即区域水资源总量与区域总人口数比值；二是产水模数，即区域水资源总量与区域总面积比值。

如图5-3所示，云南省人均水资源量最高，高达4027.7立方米/人，而上海市人均水资源量最低，仅有176.7立方米/人。两者相差悬殊，云南省人均水资源量为上海市的22.8倍。且各省的人均水资源量情况与水资源总量情况并不一致，部分水资源总量大的省市人均水资源反而比不过水资源总量少的省市，例如四川省的水资源总量高出云南省近600亿立方米，而其人均水资源量较云南省低了1000立方米/人。

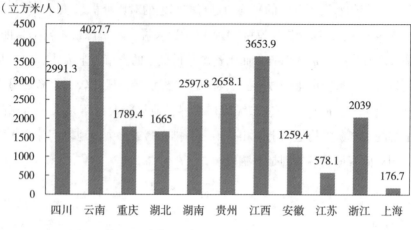

图 5-3　长江经济带 11 省市人均水资源平均值柱形图

如图 5-4 所示，浙江省的产水模数以 106.26 万立方米/平方公里排在 11 省之首。此外，水资源总量和人均水资源量都排在最后的上海市在这项指标中排在中上游。而江苏省以 41.99 万立方米/平方公里排最后。

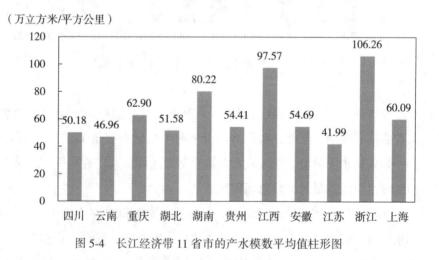

图 5-4　长江经济带 11 省市的产水模数平均值柱形图

统计年鉴中，各省市的取水总量和用水总量是完全一致的，本书便不再进行各省市的取水和用水对比分析，截取 11 个省市的用水总量中的工业用水、农业用水以及生活用水的数据，利用 2005—2016 年的平均值，并结合各省的 GDP 指标，对 11 省市的水资源利用状况进行分析。

第一节 长江经济带水资源概况

从图5-5可知,长江经济带11省市中,用水大省是江苏省,以552.7亿立方米的用水量总值排在第一。其次是湖南省,然后是湖北省、安徽省。水资源总量最少的是上海市,其在用水量方面反而要高于重庆市和贵州省。贵州省的水资源总量在整个长江经济带11省市中处于中上水平,其在用水方面反而处于落后水平,尤其是生活用水量方面,排在11省市的最后一名。

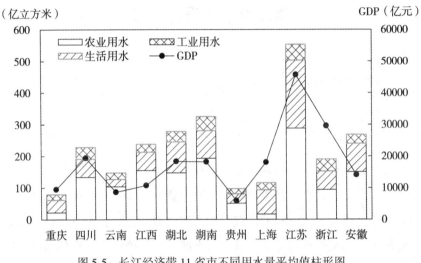

图5-5 长江经济带11省市不同用水量平均值柱形图

各产业的用水量即为用水结构,用水结构反映的产业结构能够表现区域经济的繁荣程度及文化水平的高低。工业用水比重大表明工业化程度较高,生活用水比重大表明文化水平较高,农业用水比重大说明该区域以农业作为主导产业。由图5-5可知,长江经济带11省市大部分属于农业大省:农业用水比重最大,工业用水次之,生活用水最小。但是重庆市和上海市则属于工业大省:两省的工业用水量要远超其农业用水量,即两省的工业化程度在长江经济带11省市中位于前列。而在生活用水量方面:居第一的是江苏省,居第二的是湖南省,最低的则是贵州省。与农业用水量、工业用水量的悬殊差距不一样,11省市的生活用水量差距不多,即长江经济带11省市的文化水平差距不大,"矮个子里挑高个"的话,则是江苏省和湖南省的文化水平排在前列,而贵州省和重庆市都有待加强各自的文化教育建设。

结合GDP来看,总体上,用水量大的省市其GDP总值也高,两者呈现一定正相关的关系。此外,浙江省、上海市、重庆市三个省市的用水量总值低于其GDP值,而其他省市的用水量总值都要高于其GDP值,这意味着这些省市可能在农业科技上较为落后,或者是在工业科技上落后于其他发达省市。为了更好地进行数据对比,我们在下文引入万元GDP的水耗,即用水量与相应的万元GDP的比值,以表示各省市在水资源利用效率上的差异。

第二节 数据与方法

一、水资源承载力评价方法选择

(一)综合评价法

综合评价法先选定具体的评价指标与评价体系,再利用水资源承载力模型进行计算研究,并结合社会经济发展现状以及水资源开发利用情况对该区域水资源承载力进行研究评价。该方法的优点是深入应用数学理论,但难以统一选取评价指标,可能造成评价结果的差异。目前已有的综合评价法有指标体系法、模糊综合评价法、主成分分析法等。

1. 指标体系法

通过统计目前水资源承载力相关的论文、报告集、统计年鉴和水资源公报中的评价指标,进而选取使用次数较多的数据作为评价指标,同时结合社会发展水平、水资源开发利用程度、区域产业结构、人类活动强度等基本要素对区域水资源承载力进行比较研究,从而寻求水资源承载力可持续发展的最优决策。

2. 模糊综合评价法[1]

对影响水资源承载力的自然、环境、社会等多种因素作出一个全面评价的方法,用模糊数学理论建立水资源承载力的多因素综合评价矩阵,全面对某一区域水资源承载力进行评价,解决了影响因素多、各个影响因素联系不大导致的难以

---

[1] Qiang Huang, Wei Ping Wang, Hai Yan Deng. Agricultural Restructuring based on the Water Resources Carrying Capacity in Shandong Province, China[J]. Applied Mechanics and Materials, 2014(675-677): 783-786.

评价的难题。

3. 主成分分析法

主成分分析方法[①]是一种较新的多元统计方法,有其独特的原理,其本质是对高维变量系统进行最佳综合和简化,主成分分析法将多种复杂变量进行简化,同时确保指标信息遗漏最小化,把多个指标转化综合为少数几个指标(即主成分),此方法可以客观地确定各项评价指标的权重,使得水资源的评价结果更具客观性。

(二) 系统分析法

系统分析法是将水资源生态系统的各种因素作为整体研究,通过评价模型计算得到水资源承载力。该方法的优点是将水环境-社会经济系统的统一性纳入考虑范围;不足是评价方法复杂,不够直观。目前已有的系统分析法包括系统动力学法和多目标决策分析法。

1. 系统动力学法

系统动力学法是把研究对象分成若干研究单元,用系统动力学来模拟复杂的、存在非线性关系的"水资源-社会-经济-生态环境"复合系统,可以较好地把握系统的反馈关系,有利于制定政策和方案决策。

2. 多目标决策分析法[②]

通过建立模型来研究不同年份、不同区域、不同经济社会发展状态、不同水资源开发利用技术条件下的水资源对工业、农业、人口的承载能力,并预测在各规划年份水资源开发利用的指标,并计算不同方案下区域的水资源承载力,从而选出社会经济发展和人口规模增长的最优方案。

(三) 经验公式法

经验公式法最大的优点是简单易操作,一定程度上可以将水资源承载力量化,对水资源承载力的评价更为客观和直观,方便对区域水资源承载力进一步研

[①] 任俊霖,李浩,伍新木,等. 基于主成分分析法的长江经济带省会城市水生态文明评价[J]. 长江流域资源与环境,2016,25(10):1537-1544.

[②] 段春青,刘昌明,陈晓楠,等. 区域水资源承载力概念及研究方法的探讨[J]. 地理学报,2010,65(1):82-90.

究,因此本次研究采用了经验公式法。其代表方法有官楠等研究的水资源承载指数法、高镔等人研究的SD双因素水资源承载力模型及钟世坚研究得出的从水资源利用量角度的水资源承载力估算模型。

二、长江经济带沿线省市水资源承载力估算模型

水资源承载力与经济社会发展水平、人口规模和人类活动密切相关,因此,本书将水资源可承载的人口规模作为水资源承载力的评价指标,根据实际可获取的数据,对当前水资源承载力计算公式进行改进,其计算方法为:

$$C = \lambda W\sigma/(Wp \times 365) \tag{5-1}$$

其中,C——研究省市的取水型水资源承载力;λ——水资源利用系数,反映水资源利用的技术条件,取国际上公认的水资源合理开发利用的警戒线值40%;W——研究省市的水资源总量;σ——生活用水占用水总量的比重,反映水资源的可持续性因素;Wp——研究区人均生活用水量标准,反映当地民生活水平因素。

根据《城市居民生活用水标准》(GB/T50331—2002)中各省所处区域的人口生活用水标准,制定当地人口各类生活水平(温饱型、小康型、富裕型)用水标准。其制定标准为:温饱型生活用水量为《城市居民生活用水量标准》中的下限值,富裕型生活用水量为标准中的上限值,小康型生活用水量为二者的平均值[1],见表5-1。

表5-1 长江经济带沿线省市城市居民生活用水标准

日用水量(L/人·d)			适用范围
温饱型	小康型	富裕型	
120	150	180	上海、江苏、浙江、江西、湖北、湖南、安徽
100	120	140	重庆、四川、贵州、云南

长江经济带沿线省市水资源总量、人口总量及用水情况,见表5-2[2]。

---

[1] 钟世坚. 珠海市水资源承载力与人口均衡发展分析[J]. 人口学刊,2013(2):15-19.
[2] 数据来源于长江经济带沿线省市 2012—2016 年的统计年鉴以及水资源公报。

表 5-2 长江经济带沿线省市水资源总量、人口总量及用水情况

省市名称	类别	2012 年	2013 年	2014 年	2015 年	2016 年
湖北省	W①	813.880	790.150	914.300	995.480	1459.700
	Wq②	299.290	291.800	288.340	301.270	281.970
	Wt③	37.130	46.410	47.410	56.070	56.860
	P④	5779.000	5799.000	5816.000	5851.500	5885.000
江苏省	W	373.300	283.500	399.300	582.100	735.800
	Wq	552.200	498.900	480.700	460.600	453.200
	Wt	34.700	35.500	35.800	36.600	37.500
	P	7939.490	7960.060	7976.300	7998.600	8029.300
上海市	W	33.900	28.030	47.160	64.050	61.020
	Wq	87.020	89.010	78.770	76.640	77.200
	Wt	13.270	13.710	12.750	12.510	13.150
	P	2380.430	2415.150	2425.680	2415.270	2419.700
浙江省	W	1444.790	930.900	1130.690	1405.110	1323.750
	Wq	222.310	224.750	220.240	186.060	181.150
	Wt	27.620	27.930	27.730	27.770	28.120
	P	5477.000	5493.000	5508.000	5539.000	5590.000
江西省	W	2174.360	1423.990	1631.810	2001.240	2221.060
	Wq	242.540	264.810	259.300	245.810	245.360
	Wt	0.209	21.180	21.520	21.630	22.330
	P	4503.900	4522.200	4542.200	4565.600	4592.300
湖南省	W	1989.000	1582.000	1800.000	1919.000	2197.000
	Wq	328.800	332.500	332.410	330.410	330.360
	Wt	30.690	30.320	29.950	30.840	31.360
	P	6638.900	6690.600	6737.200	6783.000	6822.000

① 该省市水资源总量(单位：亿立方米)。
② 该省市总用水量(单位：亿立方米)。
③ 该省市生活用水量(单位：亿立方米)。
④ 该省市的实际人口数(单位：万人)。

续表

省市名称	类别	2012年	2013年	2014年	2015年	2016年
安徽省	W	700.980	585.590	778.480	914.120	1245.170
	W_q	288.560	296.020	272.090	288.660	290.650
	W_t	23.960	24.210	24.500	24.880	25.080
	P	5988.000	6030.000	6083.000	6144.000	6196.000
重庆市	W	476.890	474.340	642.578	456.165	604.867
	W_q	82.936	83.907	80.469	78.980	77.483
	W_t	13.444	13.857	14.437	14.803	15.109
	P	2945.000	2970.000	2991.400	3016.550	3048.430
贵州省	W	974.030	759.440	1213.120	1153.720	1066.100
	W_q	91.520	92.000	95.310	97.690	100.310
	W_t	10.670	10.850	16.560	17.020	17.400
	P	3484.000	3505.220	3508.040	3580.000	3555.000
四川省	W	2892.490	2526.320	2557.660	2220.520	2340.900
	W_q	245.920	242.470	236.860	265.510	267.250
	W_t	27.300	30.070	44.730	48.310	49.810
	P	8076.200	8107.000	8140.200	8204.000	8262.000
云南省	W	1690.000	1707.000	1727.000	1872.000	2088.900
	W_q	151.800	149.700	149.400	150.100	150.200
	W_t	15.380	20.490	19.510	20.200	21.100
	P	4659.000	4686.600	4713.900	4741.8	4770.500

利用式(5-1)并结合表5-2中的数据,计算2012—2016年长江经济带11省市取水型水资源人口承载力,计算结果见表5-3。P_1、P_2、P_3分别为温饱生活标准

下的水资源承载力、小康生活标准下的水资源承载力和富裕生活标准下的水资源承载力,数值越大,表明水资源承载力越强。

表 5-3 长江经济带 11 省市取水型水资源承载力

省市名称	类别	水资源承载力(万人)					
		2012 年	2013 年	2014 年	2015 年	2016 年	平均值
湖北省	P1①	26881.496	16919.717	13729.024	11476.824	9221.021	15645.616
	P2②	21505.197	13535.773	10983.219	9181.459	7376.817	12516.493
	P3③	17920.998	11279.811	9152.683	7651.216	6147.347	10430.411
江苏省	P1	5560.157	4224.163	2715.777	1842.272	2142.284	3296.930
	P2	4448.125	3379.330	2172.622	1473.818	1713.827	2637.544
	P3	3706.771	2816.108	1810.518	1228.181	1428.189	2197.954
上海市	P1	949.219	954.788	697.122	394.283	472.104	693.503
	P2	759.375	763.830	557.698	315.426	377.683	554.803
	P3	632.813	636.525	464.748	262.855	314.736	462.335
浙江省	P1	18765.876	19152.218	13001.190	10564.772	16392.881	15575.387
	P2	15012.700	15321.774	10400.952	8451.818	13114.305	12460.310
	P3	12510.584	12768.145	8667.460	7043.182	10928.587	10383.592
江西省	P1	18459.976	16082.073	12367.879	10401.223	17078.442	14877.919
	P2	14767.981	12865.658	9894.303	8320.978	13662.754	11902.335
	P3	12306.651	10721.382	8245.253	6934.148	11385.628	9918.612
湖南省	P1	19046.033	16357.693	14810.889	13174.372	16954.530	16068.703
	P2	15236.826	13086.154	11848.711	10539.497	13563.624	12854.963
	P3	12697.355	10905.128	9873.926	8782.914	11303.020	10712.469
安徽省	P1	9812.321	7195.366	6401.575	4373.743	5315.476	6619.696
	P2	7849.857	5756.292	5121.260	3498.994	4252.381	5295.757
	P3	6541.547	4796.910	4267.717	2915.829	3543.651	4413.131

① 温饱生活标准下的水资源承载力。
② 小康生活标准下的水资源承载力。
③ 富裕生活标准下的水资源承载力。

续表

省市名称	类别	水资源承载力(万人)					
		2012年	2013年	2014年	2015年	2016年	平均值
重庆市	P1	12925.420	9369.270	12633.973	8584.982	8471.641	10397.057
	P2	10771.183	7807.725	10528.311	7154.151	7059.701	8664.214
	P3	9232.443	6692.335	9024.266	6132.130	6051.172	7426.469
贵州省	P1	20266.096	22028.098	23098.977	9815.276	12444.798	17530.649
	P2	16888.413	18356.748	19249.148	8179.396	10370.665	14608.874
	P3	14475.783	15734.356	16499.270	7010.911	8889.142	12521.892
四川省	P1	47813.311	44276.978	52931.855	34334.514	35189.070	42909.145
	P2	39844.426	36897.482	44109.879	28612.095	29324.225	35757.621
	P3	34152.365	31626.413	37808.468	24524.653	25135.050	30649.390
云南省	P1	32158.612	27608.553	24715.314	25604.766	18764.560	25770.361
	P2	26798.844	23007.128	20596.095	21337.305	15637.134	21475.301
	P3	22970.437	19720.395	17653.796	18289.118	13403.257	18407.401

三、水资源承载力等级评价模型

不同区域的自然环境条件、人口规模、人类活动强度及其对水资源承载力的影响程度、社会经济发展程度、水资源在区域经济发展过程中的重要程度、水资源的总量和需求量都不尽相同,水资源承载力的影响因素繁多,但对其影响最大的还是水资源利用量。根据联合国的规定,人均极限水资源利用量为1000m^3/人,人均警戒线水资源利用量为1700m^3/人,人均丰水线水资源利用量为3000m^3/人。本书将水资源人口承载力具体划分为:丰水线水资源人口承载力、警戒线水资源人口承载力和极限水资源人口承载力[1]。具体定义如下:

$$丰水线水资源人口承载力 = \frac{区域水资源总量}{人均丰水线水资源利用量}$$

---

[1] 何刚,夏业领,秦勇,等.长江经济带水资源承载力评价及时空动态变化[J].水土保持研究,2019,26(1):287-292,300.

$$\text{警戒线水资源人口承载力} = \frac{\text{区域水资源总量}}{\text{人均警戒线水资源利用量}} \quad (5\text{-}2)$$

$$\text{极限水资源人口承载力} = \frac{\text{区域水资源总量}}{\text{人均极限水资源利用量}}$$

根据对不同类型水资源人口承载力的计算并对比其与实际人口的关系,本书将水资源人口承载力划分为四个等级:

等级1:(水资源人口承载力盈余):丰水线人口承载规模>实际人口;

等级2:(水资源人口承载力适度):丰水线人口承载规模≤实际人口<水资源警戒人口承载力规模;

等级3:(水资源人口承载力警戒):水资源警戒人口承载规模≤实际人口<极限水资源人口承载规模;

等级4:(水资源人口承载力危机):实际人口≥极限水资源人口承载规模。

根据式(5-2)和表5-2中长江经济带11省市水资源总量数据,可以计算并得出各省的水资源承载力等级,见表5-4。

表5-4 2012—2016年长江经济带11省市总量型水资源承载力

省市名称	类别	水资源承载力(万人)					
		2012年	2013年	2014年	2015年	2016年	平均值
湖北省	丰水线	2712.93	2633.83	3047.67	3318.27	4865.67	3315.67
	警戒线	4787.53	4647.94	5378.24	5855.76	8586.47	5851.19
	极限	8138.80	7901.50	9143.00	9954.80	14597.00	9947.02
江苏省	丰水线	1244.33	945.00	1331.00	1940.33	2452.67	1582.67
	警戒线	2195.88	1667.65	2348.82	3424.12	4328.24	2792.94
	极限	3733.00	2835.00	3993.00	5821.00	7358.00	4748.00
上海市	丰水线	113.00	93.43	157.20	213.50	203.40	156.11
	警戒线	199.41	164.88	277.41	376.76	358.94	275.48
	极限	339.00	280.30	471.60	640.50	610.20	468.32

续表

省市名称	类别	水资源承载力(万人)					
		2012年	2013年	2014年	2015年	2016年	平均值
浙江省	丰水线	4815.97	3103.00	3768.97	4683.70	4412.50	4156.83
	警戒线	8498.76	5475.88	6651.12	8265.35	7786.76	7335.58
	极限	14447.90	9309.00	11306.90	14051.10	13237.50	12470.48
江西省	丰水线	7247.87	4746.63	5439.37	6670.80	7403.53	6301.64
	警戒线	12790.35	8376.41	9598.88	11772.00	13065.06	11120.54
	极限	21743.60	14239.90	16318.10	20012.40	22210.60	18904.92
湖南省	丰水线	6630.00	5273.33	6000.00	6396.67	7323.33	6324.67
	警戒线	11700.00	9305.88	10588.24	11288.24	12923.53	11161.18
	极限	19890.00	15820.00	18000.00	19190.00	21970.00	18974.00
安徽省	丰水线	2336.60	1951.97	2594.93	3047.07	4150.57	2816.23
	警戒线	4123.41	3444.65	4579.29	5377.18	7324.53	4969.81
	极限	7009.80	5855.90	7784.80	9141.20	12451.70	8448.68
重庆市	丰水线	1589.63	1581.13	2141.93	1520.55	2016.22	1769.89
	警戒线	2805.24	2790.24	3779.87	2683.32	3558.04	3123.34
	极限	4768.90	4743.40	6425.78	4561.65	6048.67	5309.68
四川省	丰水线	9641.63	8421.07	8525.53	7401.73	7803.00	8358.59
	警戒线	17014.65	14860.71	15045.06	13061.88	13770.00	14750.46
	极限	28924.90	25263.20	25576.60	22205.20	23409.00	25075.78
云南省	丰水线	5633.33	5690.00	5756.67	6240.00	6963.00	6056.60
	警戒线	9941.18	10041.18	10158.82	11011.76	12287.65	10688.12
	极限	16900.00	17070.00	17270.00	18720.00	20889.00	18169.80
贵州省	丰水线	3246.77	2531.47	4043.73	3845.73	3553.67	3444.27
	警戒线	5729.59	4467.29	7136.00	6786.59	6271.18	6078.13
	极限	9740.30	7594.40	12131.20	11537.20	10661.00	10332.82

2012—2016年长江经济带11省市水资源承载力等级，见表5-5。

表5-5　2012—2016年长江经济带11省市水资源承载力等级

省份名称	水资源承载力等级				
	2012年	2013年	2014年	2015年	2016年
湖北省	3	3	3	2	2
江苏省	4	4	4	4	4
上海市	4	4	4	4	4
浙江省	2	3	2	2	2
江西省	1	1	1	1	1
湖南省	2	2	2	2	1
安徽省	3	4	3	3	2
重庆市	3	3	2	3	2
四川省	1	1	1	2	2
云南省	1	1	1	1	1
贵州省	2	2	2	1	1

第三节　长江经济带水资源承载力评价

一、长江经济带水资源承载力评价结果分析

从长江经济带取水型水资源承载力柱形图（图5-6）中可以看出，长江经济带各省市可用水资源能够承载的人口规模从大到小排序依次为：四川省、云南省、贵州省、湖南省、湖北省、浙江省、江西省、重庆市、安徽省、江苏省、上海市。对比水资源承载力和实际人口可以得出，四川、云南、贵州、湖南、湖北、浙江、江西、重庆等地的现有社会经济规模合适，当地可供给水资源在支撑其社会经济水平达到富裕程度的同时还有盈余；安徽省水资源仅能支撑当地现有社会经济发展达到温饱水平；而江苏及上海的经济发展规模已超过水资源承载力极限。

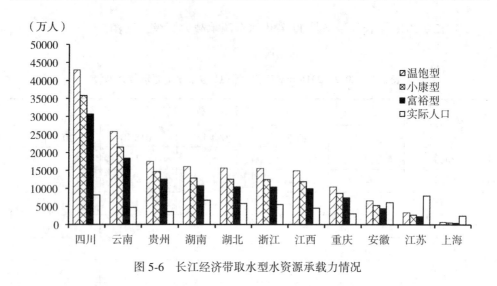

图 5-6　长江经济带取水型水资源承载力情况

从时间维度看，长江经济带 2012—2016 年 9 省 2 市水资源承载力增长率从大到小排序依次为：江苏省、上海市、湖北省、安徽省、重庆市、云南省、湖南省、贵州省、江西省、浙江省、四川省，其中浙江和四川呈负增长，因此不难发现，水资源承载力受水资源可利用量（水资源总量）直接影响，一般在降雨量偏多年份，水资源总量增多，水资源可利用量增多，水资源承载力相应地大一些。在温饱型和富裕型两种不同的社会经济条件下，水资源承载力差异比较大，足以说明水资源承载力的动态性。

二、长江经济带水资源承载力差异分析

为了分析研究东、中、西三段区域水资源承载力的差异，根据社会经济发展水平，将长江经济带划分为 3 个地区，分别为经济不发达的西段地区（四川省、云南省、贵州省、重庆市）、经济次发达的中段地区（安徽省、江西省、湖北省、湖南省）和经济发达的东段地区（上海市、江苏省、浙江省）。从图 5-7 中可看出，长江经济带东段区域的水资源只能支撑其社会经济达到温饱水平，其水资源承载力与当前的社会经济规模不适应，社会经济规模过大使得水资源危机问题加重，同时，水资源不足也制约了长江经济带东段区域的经济发展；长江经济带中段区域的现有社会经济发展水平合适，当地可供给水资源在支撑其社会经济水平达到富裕程度的同时还有盈余，社会经济发展规模与水资源承载力相适应，属于健康

的经济发展；长江经济带西段区域的经济发展水平并没有水资源承载力相适应，水资源承载力很强，但社会经济发展水平较低，应当合理规划，在水资源承载力范围内加强社会经济发展，且一定程度上可以分担东段地区由于水资源承载力不足带来的经济发展压力和人口压力。

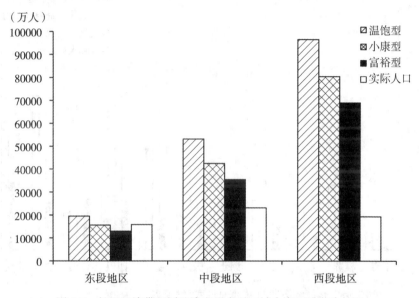

图 5-7　长江经济带不同经济发展水平区域水资源承载力情况

从 9 省 2 市总量型水资源承载力柱形图（图 5-8）可以看出，各省市水资源警戒人口承载力在空间分布上呈东部低西部高的总体特征。水资源承载力最高的是贵州省，且远高于其他省市；水资源承载力最低是上海市，且明显低于其他省市；重庆在西段省份中，其水资源承载力是最低的，甚至低于江苏省。另外，长江经济带北部省市的总量型水资源承载力总体上比南部省市小，比如湖北省小于湖南省，江苏省小于浙江省，安徽省小于江西省。其中，上海市、江苏省和安徽省的实际人口都远大于水资源警戒人口承载力；重庆市和湖北省的常住人口已和水资源警戒人口承载力非常接近；云南省、浙江省和四川省的实际人口略小于水资源警戒人口承载力；江西省、湖南省和贵州省的水资源警戒人口承载规模远远大于该区域常住人口。通过分析丰水线人口承载力的数据特征，发现仅江西省和贵州省两个省份目前的人口规模小于丰水线人口承载力，说明长江经济带 11 个省市中，在水资源可承载范围内，这两个省市的人口规模还有较大增长空间。从水资源极限人口承载力来看，上海市和江苏省这两个地区的常住人口数量已经远远超出区域水资源的最大承载限值，水资源已不能承受人口大规模增长。

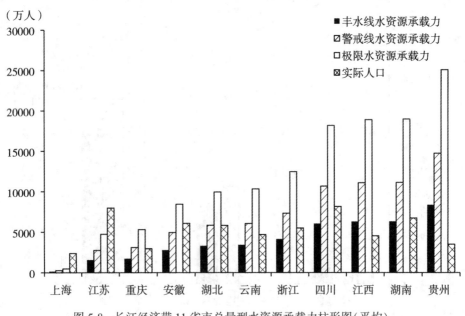

图 5-8　长江经济带 11 省市总量型水资源承载力柱形图(平均)

由 2012—2016 年长江经济带 11 省市平均总量型水资源承载力等级柱形图(图 5-9)可以看出，四川省、云南省、江西省属于等级 1(水资源人口承载力盈余)；重庆市、湖北省、浙江省、湖南省、贵州省属于等级 2(水资源人口承载力适度)；安徽省属于等级 3(水资源人口承载力警戒)；江苏省、上海市属于等级 4(水资源人口承载力危机)。从空间分布特征来看，长江经济带水资源承载力总体呈现东部低、西部高，北部低、南部高的特征。9 省 2 市中，有 3 个地区属于等级 3 或 4，这说明将超过 1/4 的地区水资源承载力超过警戒线甚至极限值，而跨流域调水可以缓解本地区水资源危机；有 3 个地区属于等级 1，说明近 1/4 的地区还有较大的社会经济发展潜力，可以看出，长江经济带的水资源利用情况两极分化严重，一半以上地区的水资源承载力与社会经济发展不相适应。

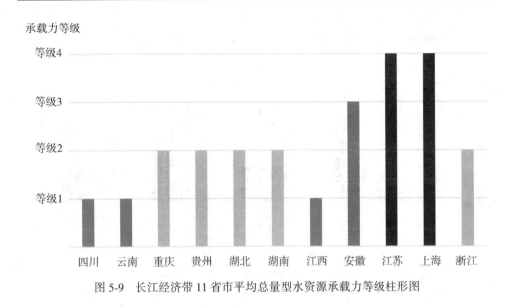

图 5-9　长江经济带 11 省市平均总量型水资源承载力等级柱形图

通过长江经济带 9 省 2 市总量型水资源承载力等级变化图（图 5-10）可以看出，评价期 2012—2016 年长江经济带沿线省市水资源承载力等级的总体最终变化：有 6 个省市的水资源承载力级别发生变化，5 个省市最终等级提升，5 个省市最终保持不变：四川省的级别由水资源人口承载力盈余降为水资源人口承载力适度；湖南省和贵州省的级别由水资源人口承载力适度上升为水资源人口承载力适盈余；湖北省、安徽省和重庆市省的级别由水资源人口承载力警戒上升为水资源人口承载力适度；江西省和云南省保持水资源承载力盈余级别；浙江省保持水资源承载力适度级别；江苏省和上海市保持水资源承载力危机级别。

四川省的水资源人口承载力级别在 2015 年由水资源人口承载力盈余下降为水资源人口承载力适度，原因是水资源开发强度的增加加剧了水资源系统与经济发展的矛盾，加上四川省水土流失面积增多加速了环境污染和生态破坏，与 2012 年相比，2016 年四川省的水资源总量下降了 19.07%，用水总量却增加了 8.67%，尽管四川省的生态用水量大幅度增加，但其改善程度远远小于水资源恶化程度，水资源人口承载力等级下降。

湖南省在 2016 年由水资源人口承载力适度上升为水资源人口承载力盈余，一方面得益于湖南省生态环境用水量逐年增加，万元 GDP 用水量和万元工业增加值用水量逐年降低（两省的降低比例均在 25% 以上）；另一方面，得益于该地

第五章 长江经济带绿色发展与水资源承载力

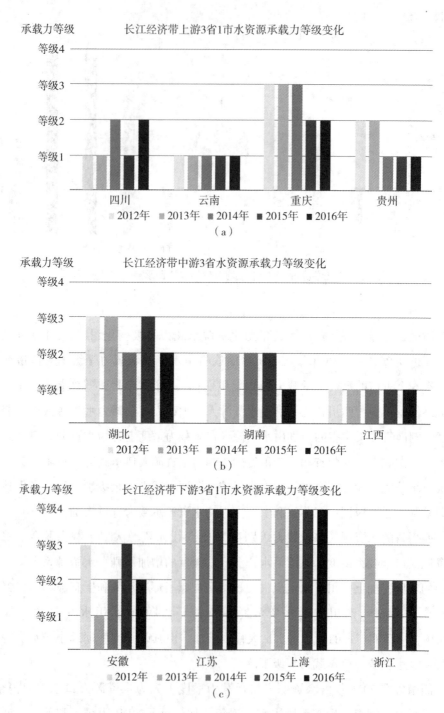

图 5-10 长江经济带 9 省 2 市总量型水资源承载力等级变化图

区的新型水资源管理模式和制度。湖南省在2015年实行最严格的水资源管理制度自查并完善了配套的考核机制,加强了水生态环境的修护与保护。

贵州省自2013年起就贯彻落实了最严格的水资源管理制度,并于2014年成立了贵州省水资源管理中心,同时建立了长效的水资源管理投入机制,明确各级水资源费不得低于年度预算的60%,大量的资金支持使得贵州省的水资源节约保护管理取得显著成效,因此水资源人口承载力在2014年由水资源人口承载力适度上升为水资源人口承载力盈余。

湖北省在2014年推进水利改革,① 同年强力推进水资源"三条红线"管理,启动水资源消耗总量与强度双控工作,加上科学技术的不断发展,水资源利用效率有所提升,主要体现在农田灌溉水有效利用系数的提高。湖北省2016年连续遭受了大范围强降雨,水资源总量比常年偏多44.6%,因此水资源承载力增强。

安徽省的②水资源承载力等级在2013年由水资源人口承载力警戒下降为水资源人口承载力危机,并在2014年上升为水资源人口承载力警戒,在2016年继续上升为水资源人口承载力适度。农业生产是安徽省水资源消耗量最大的产业,农田灌溉水占总用水量的比例常年保持在50%以上,区域产业结构不协调导致水资源开发利用效率低下、水资源浪费严重,但随着农业灌溉区灌溉工程状况、用水管理水平、灌溉技术水平的提升,2016年农田灌溉亩均用水量相较于2012年降低了9.65%,水资源利用效率的提高使得安徽省水资源承载力等级提升。

重庆市的水资源承载力等级在2014年由水资源人口承载力警戒上升为水资源人口承载力适度,并在2015年下降为水资源人口承载力警戒,又在2016年上升为水资源人口承载力适度。重庆市的水资源承载力总体上升,现有经济发展规模合理,水资源开发利用以及环保技术的进步,使得水资源利用效率提高。此外,重庆市加强农村饮水安全、小型农田水利、大中型灌区和基层水利服务体系建设,同时加大水土流失治理的资金投入力度,治理水土流失面积达到水土流失总面积的5.375%,相较于2012年大幅增加,因而水资源承载力提高。

江西省的水资源承载力等级在评价期内一直是水资源人口承载力盈余,在生

---

① 曾浩,张中旺,孙小舟,等.湖北汉江流域水资源承载力研究[J].南水北调与水利科技,2013,11(4):22-25,30.

② 刘民士,刘晓双,侯兰功.基于水足迹理论的安徽省水资源评价[J].长江流域资源与环境,2014,23(2):220-224.

态文明建设的大框架下，江西省先后实行了很多改革，2015年3月起江西省实行水权试点，同年11月实行河长制，于2016年执行"三条红线"控制目标，严控用水总量、用水效率以及水功能区限制纳污；另外，纺织、建材、冶炼、化工、造纸等高耗能、高耗水的重化工业的生产力提高，产量增加，万元工业增加值用水量较2012年下降18%，水资源和区域产业结构相适应，耗水率下降，使得水资源承载力等级得以保持。

云南省2016年水资源总量比2012年增长了23.6%，供水量基本保持不变甚至略有减少，水资源开发利用率均下降，使得其水资源承载力大幅提升。为了促进生态文明建设，2015年起云南省通过实施红黄绿区管理措施，严格控制水资源开发利用强度和用水总量，加强水源地实时监管，因此云南省的水资源承载力也保持在水资源人口承载力盈余。

浙江省①的水资源承载力等级在2013年由水资源人口承载力适度下降为水资源人口承载力警戒，却在2014年以后一直保持为水资源人口承载力适度等级。近年来浙江省社会经济发展迅速，常住人口以及外来务工人口不断增长，导致生活生产用水迅速增加，使得杭州等中心城市的水资源承载力下降，然而工农业废水和生活污水的大量排放导致水环境问题更加严重。但浙江省各个市的水资源利用效率和水资源开发利用程度并不尽相同，部分地区还具有一定的发展潜力，因此，浙江省的水资源承载力保持在适度级别。

江苏省②和上海市在评价期内持续出现水资源危机，江苏省的水资源总量本身比较匮乏，经济发展已趋于饱和，随着社会经济的迅猛发展，水资源供需矛盾日益突出，尽管江苏省不断进行产业结构的优化调整、加快水利工程的建设以及节水技术、污水处理技术的发展，但正面影响远不足以抵消负面影响，水资源危机一直存在且有加重趋势。上海市水资源承载力危机一方面是因为上海市人口增长过快，2006—2016年十年间上海市总人口增加了454.96万人，增长了23.2%；另一方面经济发展和人口增长产生的工业废水和生活污水与日俱增，全市城镇污水处理厂处理负荷很大，给水环境带来了巨大威胁。

---

① 黄秋香，冯利华，卜鹏，等. 浙江省水资源承载力的主成分分析[J]. 科技通报，2016，32(2)：44-48.

② 赵宏臻，盖永伟，陈成. 基于主成分分析的江苏省水资源承载力评价分析[J]. 科技信息，2014(12)：89-90，92.

第六章 长江经济带绿色发展与水资源利用

第一节 长江经济带水资源利用效率概况

一、长江经济带万元 GDP 耗水

万元 GDP 水耗是实现资源与环境协调发展，实现经济可持续发展的重要指标，在横向上能宏观地反映国家、地区或行业总体经济的用水情况，纵向上可以反映国家、地区或行业总体经济用水效率的变化情况和节水发展成就，也可体现某个区域工业发展在水资源方面的消耗量变化，测算区域是否坚持循环经济的道路。该指标的计算方法为：万元 GDP 水耗值=水耗值/GDP×100%

由图 6-1 可知，上海市的万元 GDP 水耗是最低的，结合上文中上海市的用水情况，表明上海市工业对水资源的利用效率是最高的。在 11 省市中，万元 GDP 水耗最高的是江西省。若以长江流域段来分析，我们不难发现长江经济带下游四省的万元 GDP 水耗是最低的，而中游四省的万元 GDP 水耗是三段之中最高的。

二、长江经济带工农业 GDP 耗水

第一产业(为了方便表达以下简称"一产"，同理，第二产业简称"二产"，第三产业简称"三产")以农业为主，故而用长江经济带 11 省市的农业用水量与农业 GDP 比值代替表达各省市一产万元 GDP 耗水状况，并进行空间上的横向对比，得出不同省市在发展农业上的耗水差异。同理，将二产用水量除以各自的工业 GDP 的数值，也可以推测出 11 省市在工业发展方面水耗的差异。这两个指标可以更为精确地反映 11 省市在不同产业上对水资源的利用程度。

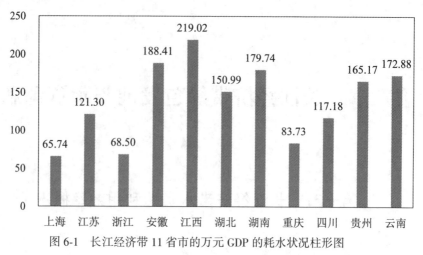

图 6-1 长江经济带 11 省市的万元 GDP 的耗水状况柱形图

(一)长江经济带 11 省市农业万元 GDP 耗水状况

引入农业单位 GDP 用水量,用以考察区域农业用水的合理程度,间接评判区域农业节水与农业科技水平的高低。式(6-1)为农业单位 GDP 用水量的计算方法:

$$农业单位 GDP 用水量 = 农业用水量/农业 GDP \times 100\% \qquad (6-1)$$

由图 6-2 可知,在长江经济带 11 省市的一产万元 GDP 水耗方面,重庆市的水耗最低,上海市的一产水耗最高,两者之间相差了将近 1200m³/万元。从段域角度来看,长江下游四省在一产对水资源利用效率上远远不及长江上游段。不同省市之间的一产万元 GDP 水耗差异明显。各省市的一产万元 GDP 水耗随时间而下降,意味着各省的农业在科技进步、产品革新的推动下,农业节水设施得到广泛应用,使农业的水耗减少,用水效率得以提升,农业正从粗放、低效向精细化和节能化生产过渡。同时,随着农业结构的调整,以及国家增收政策和惠民政策的鼓励,农业的产业结构得到优化升级,农产品的深加工及精细加工产业正逐步兴起,由传统农业向现代农业转变。

(二)长江经济带 11 省市工业万元 GDP 耗水状况

式(6-2)为工业单位 GDP 用水量,计算方法为:

$$工业单位 GDP 用水量 = 工业用水量/工业 GDP \times 100\% \qquad (6-2)$$

(单位：立方米/万元)

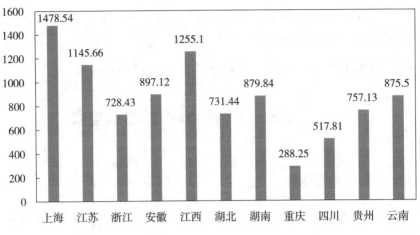

图 6-2 长江经济带 11 省市的一产万元 GDP 的耗水状况柱形图

由图 6-3 可知，与一产的万元 GDP 水耗值地域差异巨大不同，长江经济带 11 省市在二产方面的万元 GDP 水耗数值相差不大：浙江省最小为 45.12m³/万元，贵州省最大为 168.37m³/万元。从段域角度来看，一产万元 GDP 耗水方面最差的长江下游段，在二产的万元 GDP 水耗方面做得最好，除了安徽省的二产万元 GDP 水耗数值是上游段的四川省的 2 倍、云南省的 2 倍之多外，其余三省二

(单位：立方米/万元)

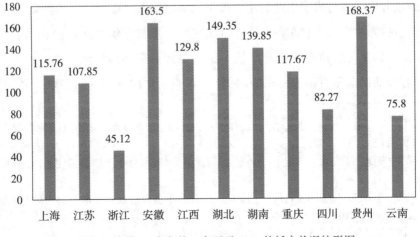

图 6-3 长江经济带 11 省市的二产万元 GDP 的耗水状况柱形图

产水资源利用效率较好。与一产万元 GDP 水耗值变化相同,长江流域 11 省市的二产万元 GDP 水耗值随着时间的推移越来越小,这表明各省市工业持续稳定增长,同时注重对水资源的有效管理,水资源利用效率不断提升,不断完善水资源循环利用设施,使 11 省市的工业逐步向可持续发展方向发展。

第二节　水资源利用效率的度量

一、单项指标衡量

根据要素的多少,水资源利用效率的衡量指标一般可分为单要素水资源效率和多要素水资源效率(全要素水资源效率)。其中单要素水资源效率主要是以利用水资源消耗系数间接表征出来,主要在农业水资源利用效率中运用较多;多要素水资源效率则不限于系数类的指标,可以是任意相关水资源的原始指标。

(一)农业

关于农业的单要素水资源效率,可衡量的指标有水分生产率(即单方用水粮食产量)、农田灌溉水有效利用系数(即农作物吸收的净水量与水渠首处总进水量的比值)、农业灌溉亩均用水量等,其中水分生产率运用得较多,如崔远来[1]、郑捷[2]、李全起[3]、操信春[4]等基于田间、作物等偏微观视角,运用农作物或灌区的水分生产率考察了农业的用水效率。而多要素水资源效率的衡量指标较为广泛,包括降水产出率(即单位耕地面积粮食产量与全年降水量的比值)、灌溉水产出率(即单位耕地面积粮食产量与单位耕地面积平均灌水量的比值)、灌溉指数(有效灌溉面积占耕地面积的比例)、农业用水比例(农业用水量/总用水量)、

---

[1] 崔远来,董斌,李远华.水分生产率指标随空间尺度变化规律[J].水利学报,2006,37(1):45-51.

[2] 郑捷,李光永,韩振中.中美主要农作物灌溉水分生产率分析[J].农业工程学报,2008,24(11):46-50.

[3] 李全起,沈加印,赵丹丹.灌溉频率对冬小麦产量及叶片水分利用效率的影响[J].农业工程学报,2011,27(3):33-36.

[4] 操信春,吴普特,王玉宝,等.中国灌区水分生产率及其时空差异分析[J].农业工程学报,2012,28(13):1-7.

人均农业用水量、粮食产量、农业产值,还有最基本的农业用水量等[1][2]。

(二) 工业

与农业相比,工业用水效率的衡量指标相对较少,比较常见的有万元工业产值增加值用水量、吨钢产量的水资源消耗量、工业用水重复利用率、工业用水比例等[3]。以纺织印染行业为例,与吨钢产量的水资源消耗量类似的指标有百米布耗水量,而随着无水印染技术的新兴和实践,还有无水印染比例等衡量指标。

(三) 其他

综合水资源效率方面,最常见的指标是万元 GDP 用水量,多要素指标基本为农业和工业等多方指标的综合,而专门针对生态用水效率的研究则更少,几乎还未开始。

二、综合利用效率度量

目前,有关水资源利用效率的研究已有不少,总体来看,对水资源利用效率的度量方法主要分为三种,分别为指标体系法、随机前沿生产函数法(SFA)和数据包络法(DEA),另外,早前还有一些研究单一要素的方法,如比值分析法等。

(一) 指标体系方法

指标体系法是指以研究目标为导向,根据系统性原则、科学性原则和可操作性原则,综合考虑多种相关因素,选取具有代表性的指标构成指标评价体系,对研究内容进行系统评估的一种方法。在这个过程中,通常会涉及对指标集进行筛选、指标权重的确定等,因此往往还会用到层次分析法、专家打分法、Ward 系统聚类法、模糊层次分析法、熵值法、投影寻踪法、遗传算法以及神经网络法等

---

[1] 山仑,邓西平,康绍忠. 我国半干旱地区农业用水现状及发展方向[J]. 水利学报,2002(9):27-31.

[2] 陈绍金. 南方地区农业用水效率分析[J]. 人民长江,2004,35(1):46-48.

[3] 杨丽英,许新宜,贾香香. 水资源效率评价指标体系探讨[J]. 北京师范大学学报(自然科学版),2009,45(5):642-646.

具体的指标处理方法。构建合适的指标体系来研究水资源的利用效率已比较普遍，如刘学智①等利用投影寻踪模型，通过探求、比较投影方向来判别各评价指标的贡献值多少和方向性，对2015年宁夏5市的农业水资源使用的效率进行分析；高媛媛②等构建了一种基于遗传算法和投影寻踪的指标模型，并利用层次分析法和Ward聚类法对指标进行初步处理，通过对我国31个省级行政区的综合水资源利用率分析评估，发现水资源短缺、资源压力较大或经济发达的地区，其水资源利用效率反而较高，反之亦然；裴志涛③等以前人的水资源效率评估指标体系为参考，提出一种运用BP神经网络工具对水资源利用率进行分析评估的方法，将主客观分析结合起来，对锦州、营口、阜新、辽阳的水资源利用效率进行打分评价，为区域的水资源利用效率评价提供一种新的途径；户艳领④等从水资源自然条件、水资源技术条件、水资源消耗和经济产出效益四方面，构建了指标体系，应用熵值法对河北省农业用水利用效率进行研讨，分析并实证出影响农业用水效率的因素。

(二)随机前沿生产函数(SFA)方法

1957年，Farrell⑤使用一种计算方法第一次测出了技术效率，并创造性发明阐述了前沿生产函数这一概念，而后其运用的领域逐渐扩大，如今是研究水资源利用效率的主要方法之一。随机前沿分析法属于利用参数进行分析的方法，用于计算水资源利用的绝对效率，对大容量样本的调研模型更符合⑥。有不少学者用

---

① 刘学智，李王成，赵自阳，等. 基于投影寻踪的宁夏农业水资源利用率评价[J]. 节水灌溉，2017(11)：46-51，55.

② 高媛媛，许新宜，王红瑞，等. 中国水资源利用效率评估模型构建及应用[J]. 系统工程理论与实践，2013，33(3)：776-784.

③ 裴志涛，何俊仕. 基于BP神经网络的水资源利用效率评价方法研究[J]. 中国农村水利水电，2013(5)：30-32.

④ 户艳领，陈志国，刘振国. 基于熵值法的河北省农业用水利用效率研究[J]. 中国农业资源与区划，2015，36(3)：136-142.

⑤ Farrell J. The Measurement of Productive Efficiency[J]. Journal of the Royal Statistical Society. Series A (General)，1957，120(3)：253-281.

⑥ Luiz Moutinho, Bruce Currie. Stochastic Frontier Analysis[J]. European Management Journal，2004，22(5)：607-608.

SFA 法对水资源的使用效率进行了研究探索。尹庆民①等运用包括距离函数的 SFA 模型与反事实计量的研究分析方法，对 2008—2013 年我国的水资源利用效率进行分析评估，明确指出如若消除各地区间的市场化差异进程不平衡度，可挽回经济活动中损失的部分水资源的同时提升我国总体 1/10 的水资源利用效率；谭雪②等借用随机前沿测算分析方法分析了一带一路沿线各省份 2000—2013 年的水资源禀赋效率等评价效率参数；洁萍③等采用随机前沿生产函数（SFA）的方法分析测算出新疆农业灌溉用水效率，并利用面板模型对农业用水效率的影响要素进行分析评估，发现地区的用水效率差异在明显缩小，其中北疆具有节水的潜力并在节水方面表现趋势良好；张凤泽④等以新的城镇化视角构建超对数函数模型，在模型基础上运用 SFA，测算出江苏省水资源运用效率，并基于 STIRPAT 模型研究分析新型城镇化对江苏省水资源运用效率的影响。

(三) 数据包络分析（DEA）方法

与随机前沿法相对，数据包络法属于非参数方法，非参数法不以固定的严密的理论模型作为基础，而是仅利用线性的分析方法在数据中寻找到解。数据包络评估方法为非参数法，首先确定成本前沿线，再在线上寻找最优资源投入点为解，宏观问题常使用非参数方法进行分析评估。DEA 是专门用于计算效率的方法，且计算的是一种相对效率，由于限制较少，因而成为研究水资源利用效率的主流方法。马海良⑤等从生产理论角度，以资本、劳动力、水资源等作为投入要素，运用 DEA 测算出我国含有非合意产出的全要素水资源利用效率，并采用

---

① 尹庆民，邓益斌，郑慧祥子. 要素市场扭曲下我国水资源利用效率提升空间测度[J]. 干旱区资源与环境，2016，30(11)：92-97.

② 谭雪，石磊，王学军，等. 新丝绸之路经济带水效率评估与差异研究[J]. 干旱区资源与环境，2016，30(1)：1-6.

③ 王洁萍，刘国勇，朱美玲. 新疆农业水资源利用效率测度及其影响因素分析[J]. 节水灌溉，2016(1)：63-67.

④ 张凤泽，宋敏，邓益斌. 新型城镇化视角下的江苏省水资源利用效率研究[J]. 水利经济，2016，34(5)：14-17.

⑤ 马海良，黄德春，张继国. 考虑非合意产出的水资源利用效率及影响因素研究[J]. 中国人口·资源与环境，2012，22(10)：35-42.

Tobit 模型分析水资源利用效率的影响因素;买亚宗[1]等基于 DEA 方法建立了工业水资源的经济效率和环境效率评价模型,对有无环境约束的东西工业用水效率进行对比分析,发现我国大部分地区在现行投入水平下实现了较高产出,但水环境造成的影响不容乐观;盖美[2]等从水足迹角度利用随机前沿法和数据包络法分别测算了辽宁省 14 个城市水资源利用的绝对效率和相对效率,并借助核密度估计模型,分析了水资源利用效率的动态演变规律;丁绪辉[3]等利用非期望产出 SBM 模型测算了 2003—2015 年各省市的水资源利用效率,并采用 Tobit 模型探究了水资源利用效率的驱动因素,发现水资源利用效率呈先下降后上升的 U 形趋势;王有森[4]等运用 DEA 模型基于生产用水和污水处理两个子系统对我国 30 个省级区域的工业用水效率进行了分阶段测算评估,得出我国工业用水的无效性主要源于污水处理,而水资源短缺的地区其用水效率相对较高的结论。

(四)其他方法

除了以上三种主要方法,有些学者从效率因素分解的视角采用其他方法来研究水资源利用效率。如韩琴[5]等人使用基于扩充的 Kaya 恒等式以及 LMDI 模型定量剖析了结构等各种效应对灰水足迹效率的影响,并基于 LSE 模型,按照各个省份的驱动效应占比的绝对贡献率进行识别;有些学者利用计量模型着重研究各个因素是如何影响水资源的使用效率的,如孙才志[6]等利用 OLS 模型探究了新型工业化、城镇化、信息化、农业现代化对我国 30 个省三种水资源使用效率的影响,并用 GMM 模型分析各个影响因素,对水资源使用效率进行讨论和发散思考,并

---

[1] 买亚宗,孙福丽,石磊,等. 基于 DEA 的中国工业水资源利用效率评价研究[J]. 干旱区资源与环境,2014,28(11):42-47.

[2] 盖美,吴慧歌,曲本亮. 新一轮东北振兴背景下的辽宁省水资源利用效率及其空间关联格局研究[J]. 资源科学,2016,38(7):1336-1349.

[3] 丁绪辉,贺菊花,王柳元. 考虑非合意产出的省际水资源利用效率及驱动因素研究——基于 SE-SBM 与 Tobit 模型的考察[J]. 中国人口·资源与环境,2018,28(1):157-164.

[4] 王有森,许皓,卞亦文. 工业用水系统效率评价:考虑污染物可处理特性的两阶段 DEA[J]. 中国管理科学,2016,24(3):169-176.

[5] 韩琴,孙才志,邹玮. 1998—2012 年中国省际灰水足迹效率测度与驱动模式分析[J]. 资源科学,2016,38(6):1179-1191.

[6] 孙才志,郜晓雯,赵良仕. "四化"对中国水资源绿色效率的驱动效应研究[J]. 中国地质大学学报(社会科学版),2018,18(1):57-67.

研究各个驱动因素之间的关系；赵良仕①等在对比是否考虑环境约束的水资源利用效率的基础上，使用了 Durbin 模型计算量化了溢出效应在省际单位上的空间体现，进一步剖析与资源使用效率的关系。此外，早前还有一些对单要素水资源生产效率的方法，如于法稳②、刘渝③采用比值法评价了农业水资源的利用效率。

第三节　数据与方法

一、指标选取与数据来源

目前，许多学者基于不同视角利用 DEA 方法对水资源的利用效率问题进行了多方探索，在某种程度上推动了方法的完善和水资源利用效率的提高。最初，水资源利用效率的研究多以产业发展为切入点，对农业和工业领域的计算评价居多，水资源利用效率的测算也基本为单一要素。2006 年，Hu 和 Wang④ 提出了全要素生产率的概念，他们基于生产的角度认为，水资源的利用离不开人力、资本等要素的影响。而后各学者纷纷表示认同并效仿，基本都以用水量、劳动人口数(用水人数)、固定资产总额为投入指标，以区域 GDP 或产业增加值为产出指标来测算水资源的利用效率，可见这些研究并未考虑环境因素的影响，这明显是不合适的。之后又有学者注意到这一问题，并将环境污染指标纳入水资源利用效率的研究，且由之前的产业水资源利用效率问题扩展到了综合水资源的用水效率。还有个别学者结合世界可持续发展工商理事会对环境绩效的分析，将水资源的投入定义为水资源对环境的影响，且影响主要为废水、废水中化学需氧量和氨

---

①　赵良仕，孙才志，郑德凤. 中国省际水资源利用效率与空间溢出效应测度[J]. 地理学报，2014，69(1)：121-133.

②　于法稳，李来胜. 西部地区农业资源利用的效率分析及政策建议[J]. 中国人口·资源与环境，2005(6)：35-39.

③　刘渝，杜江，张俊飚. 湖北省农业水资源利用效率评价[J]. 中国人口·资源与环境，2007，17(6)：60-65.

④　Jin-Li Hu, Shih-Chuan Wang, Fang-Yu Yeh. Total-factor Water Efficiency of Regions in China[J]. Resources Policy, 2007, 31(4)：217-230.

氮的排放，而产出指标为人均 GDP，对中国水资源的利用效率进行区域分析和影响因素识别。仅考虑环境因素的影响，把作为水资源利用效率基本的水量要素都忽略掉，这显然也是不合逻辑的。

综合来看，学界内运用 DEA 方法进行水资源利用效率的研究时，指标选取太过混乱，环境因素对水资源利用效率的影响不可忽略，但也不能仅仅考虑环境因素而舍弃水资源量这一基本要素。尽管人力和资本对水资源的利用有一定影响，除此之外仍有较多因素影响水资源的利用效率，若全部综合起来看，则会发散研究目标，且现有研究中运用的均是社会的总劳动人数和总的固定资产数，其中难免有许多实际上与水资源利用无关的部分，这必然会增大研究结果的不确定性。另外，考虑诸多因素后，在满足 DEA 内在的指标数与研究单元的数量关系的基础上，所有投入产出指标中与水资源相关的指标寥寥无几，以此来研究水资源的利用效率，明显太过牵强。

根据以上分析，本书基于水资源承载力的视角，综合考虑现有的研究指标，着重突出水资源在水资源利用效率上的核心作用，同时兼顾负面环境效应的影响，对一、二、三产业以及综合水资源利用效率投入产出指标的选择，见表 6-1。

表 6-1 水资源利用效率指标选取

类型	投入指标	产出指标
一产	一产用水量、一产 COD 排放量、一产氨氮排放量	一产 GDP
二产	二产用水量、二产 COD 排放量、二产氨氮排放量	二产 GDP
三产	三产用水量、三产 COD 排放量、三产氨氮排放量	三产 GDP
综合	一产用水量、二产用水量、三产用水量、COD 排放量、产氨氮排放量	GDP

根据以上所建指标，鉴于数据的可得性问题，由于涉及 COD 排放量这一相关指标，从 2011 年开始才有数据源，因此本书的研究年限为 2011—2015 年。各指标所涉及的原始数据来源如下：

各产业用水量、各产业 COD 排放量及总 COD 排放量、各产业氨氮排放量及总氨氮排放量，来源于《中国环境年鉴》(2012—2016)；

各产业地区生产总值、总地区生产总值，来源于《中国统计年鉴》(2012—2016)。

二、研究方法

数据包络分析(DEA)是管理学、运筹学与数学、经济学交叉研究的又一个领域,由美国运筹学家 Charnes、Coopor 和 Rhodes 于 1978 年提出,该方法的原理主要通过保持决策单元(DMU)的输入或输出不变,借助统计出的数据及数学规划,确定出相对有效的生产前沿面,将各决策单元投影至确定的 DEA 生产前沿面,评估各决策单元偏离 DEA 前沿面的程度,评价其相对有效性。DEA 有代表性的模型有 C^2R、BC^2、C^2WH 和 C^2W 等多个模型。

其中 C^2R 的模型为:

$$\max(h_{ko}) = \frac{\sum_{r=1}^{P} u_r y_{rko}}{\sum_{i=1}^{m} v_i x_{iko}}$$

$$\text{s.t} \begin{cases} \dfrac{\sum_{r=1}^{P} u_r y_{rko}}{\sum_{i=1}^{m} v_i x_{iko}} \leq 1, \ k = 1, 2, \cdots, n \\ v_i, u_r \geq 0, \ i = 1, 2, \cdots, m; \ r = 1, 2, \cdots, p \end{cases} \quad (6-3)$$

其中,x_{ik} 和 y_{rk} 分别为第 k 个决策单元的投入值与产出值,为已知数(可由历史资料或预测数据得到),v_i 和 u_r 分别为投入与产出的权系数,为变量。模型为各加权系数 v_i 和 u_r 为变量,以所有决策单元的效率指标 h_k 为约束,以第 h_{k0} 个决策单元的效率指数为目标,即评价第 h_{k0} 个决策单元的效率是否有效,是相对其他所有决策单元而言的。上述分式规划模型转化为线性规划模型后,其对偶问题引入松弛变量与非阿基米德无穷小的概念后为:

$$\min\left[\theta - \varepsilon\left(\sum_{i=1}^{n} s^- + \sum_{i=1}^{p} s^+\right)\right]$$

$$\text{s.t} \begin{cases} \sum_{j=1}^{n} \lambda_j x_j + s^- = \theta x_k \\ \sum_{j=1}^{n} \lambda_j x_j - s^+ = y_k \\ s^- \geq 0, \ s^+ \geq 0, \ \lambda_j \geq 0, \end{cases}$$

其中 s^- 为投入松弛变量，s^+ 为产出松弛变量，分别代表投入冗余和产出不足；效率测度指标 θ 满足 $\theta \leqslant 1$。

C^2R 模型可以用来衡量整体的综合效率，C^2R 模型的经济学含义为：

① 当 $\theta = 1$，且 $s^- = s^+ = 0$ 时，称为 DMU DEA 有效，其生成的有效前沿为规模收益不变，且 DMU 为规模且技术有效；

② 当 $\theta < 1$ 时，则称为 DMU DEA 无效。

由于模型本身的特点，DEA 在运用时存在一些限制条件。一方面，一般选取被评价大单元（即 DMU）的个数要大于投入和产出两个指标之和的 2 倍，且所有数据应保证严格非负；另一方面，投入和产出变量之间最好互不相关，否则 DEA 对其区分度将会造成较大影响。另外，若把较多的评价单元作统一整体作为参考，则同类型的 DMU 不能很充分地反映其效率情况，若按照一定的条件组成集合，同一集合的评价结果则更能显示出参考性和可比性。这是本书只考虑长江经济带沿线省份的一个理论依据。

与其他方法相比较，DEA 具有一些明显的优势。首先，DEA 不同于随机前沿分析的方法，无需预先进行参数估算；其次，它也不同于指标体系法，无需事先对权重作考量，从而可避免主观原因对结果的影响。DEA 是通过计算内部加权之后的产出与投入的比值，来计量处理决策单元的投产率，不涉及投入产出之间任何函数关系，从而略过思量投产之间函数关系可能存在异常而带来的偏差影响，而且在建立模型前也不用对数据量纲进行处理，建立模型时也不用考量样本量的大小，是研究效率的一种简单而行之有效的方法。基于这些优点，本书选择数据包络法来分析长江经济带省域水资源的利用效率。

第四节 长江经济带水资源利用效率的省际比较

通过 DEA 模型求解分析，得到长江经济带各省市 2011—2015 年各产业及综合的水资源利用效率情况。DEA 模型值的大小反映了各省市在各产业的投与产两方面效率的相对大小，DEA 模型的值越大，反映各省市的水资源利用效率则越高。通过比较分析，可以得出长江经济带各省市的水资源利用效率现状、时空差异及其效率变化趋势。

一、第一产业水资源利用效率

(一)第一产业水资源利用平均综合效率及变化趋势比较

由图 6-4 可知,长江经济带一产水资源利用效率存在明显的空间差异。上游地区的平均综合效率高于下游地区,下游地区高于中游地区,整体平均效率均值为 0.625,低于上游地区,略高于下游地区,一产水资源利用效率整体不佳,配置状况急需改善。具体来看,重庆和云南的平均综合效率为最优值 1,实现了 DEA 有效,一产水资源利用效率较好;贵州的平均综合效率相对较高,效率值高达 0.976,与最优值已十分接近,这三个省份的综合效率处于高水平,从而使得上游地区在三个分区中的平均综合效率最高;浙江、四川、湖北和江苏的平均综合效率处中等水平,其他四个省市的平均综合效率处于低水平(效率值均小于 0.6),其中上海的平均综合效率最低(仅有 0.326),这也是导致下游地区平均综合效率排名最后的重要原因。

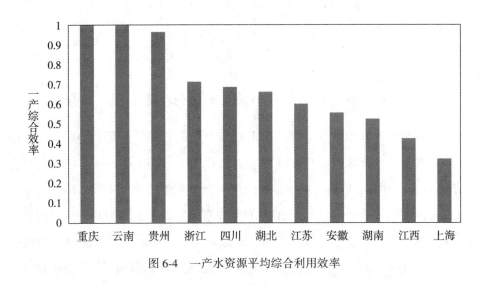

图 6-4 一产水资源平均综合利用效率

由图 6-5 可知,2011—2015 年重庆和云南两个省市一直维持一产水资源利用效率最优,效率恒定无变化。在剩余的 9 个省市中,除贵州、江苏和江西外,浙江、四川、湖北、安徽、湖南和上海的一产水资源利用效率均呈下降趋势;而贵州呈上升趋势；江苏和江西呈波动趋势，且均是2012年较前一年有所上升，其他年份依然持续下降。从变化幅度和变化率来看，贵州2015年的一产水资源综合利用效率较2011年上升幅度不大，且较缓慢，而其他呈下降和波动趋势的省市，其改变幅度相对稍大，也相对较迅速。长江经济带整体的一产水资源配置综合效率基本呈逐年递减趋势，一产水资源利用状况很不乐观。

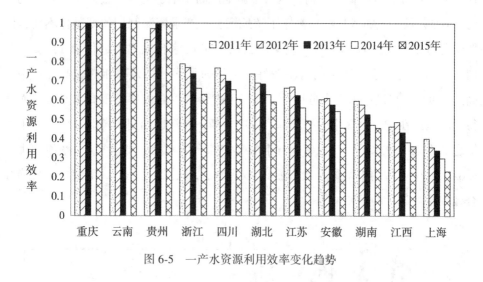

图6-5　一产水资源利用效率变化趋势

（二）第一产业水资源利用效率的主要松弛变量和调整比分析

DEA模型中，松弛变量能够反映出投入变量离其线性最优解的距离，松弛变量的值越大，表示其更大程度地对水资源利用效率产生影响，若松弛变量为0，则意味着该投入变量对相应决策单元的水资源利用效率无实际影响。松弛变量能反映出该决策单元的投入产出对DEA效率的影响。DEA分析的理想值被认为是评价单元的相对最优投入产出值，通过调整各省市水资源配置要素的投入值，提升水资源利用效率。理想值与实际值的差值（即调整值）可反映各省市的投入要素距离投入产出效率的最大值；调整值与实际值的比值（即调整比）进而可作为水资源配置要素的修正依据。长江经济带各省市2011年、2015年一产水资源配置主要松弛变量和调整比，分别见表6-2和表6-3。

表6-2 2011年长江经济带各省市一产水资源配置主要指标松弛变量及调整比

地区	一产COD排放量		一产氨氮排放量		一产GDP	
	松弛变量(吨)	调整比(%)	松弛变量(吨)	调整比(%)	松弛变量(亿元)	调整比(%)
上海	0	0	0	0	0	0
江苏	0	0	0	0	0	0
浙江	0	0	2724.365	9.835	158.256	9.997
安徽	35350.124	8.864	0	0	514.906	25.550
江西	0	0	3394.692	10.849	797.906	57.359
湖北	41623.008	8.651	0	0	116.993	4.553
湖南	82198.958	14.035	11400.985	17.712	240.284	8.681
重庆	0	0	0	0	0	0
四川	0	0	0	0	0	0
贵州	0	0	0	0	0	0
云南	0	0	0	0	0	0

表6-3 2015年长江经济带各省市一产水资源配置主要指标松弛变量及调整比

地区	一产COD排放量		一产氨氮排放量		一产GDP	
	松弛变量(吨)	调整比(%)	松弛变量(吨)	调整比(%)	松弛变量(亿元)	调整比(%)
上海	0	0	0	0	0	0
江苏	0	0	0	0	0	0
浙江	0	0	3055.077	13.483	377.888	20.617
安徽	24661.032	6.957	0	0	703.918	28.653
江西	0	0	2383.174	8.638	1048.832	59.156
湖北	41123.248	9.794	0	0	9.749	0.295
湖南	95754.533	17.606	11882.574	20.108	443.046	13.298
重庆	0	0	0	0	0	0
四川	0	0	0	0	0	0
贵州	0	0	0	0	0	0
云南	0	0	0	0	0	0

①长江经济带各省市一产COD排放量存在明显的空间差异，一产COD排放量对各省市水资源利用效率存在一定影响。由表6-2可知，2011年长江经济带上游和下游地区以及中游江西省的COD排放量的松弛变量全部为0，其COD排放量的大小较为合理，投入产出不存在冗余和不足。安徽、湖北和湖南三省的COD排放量松弛变量大于0，其中湖南的COD排放量松弛变量较大，对应的调整比达到14%，而安徽和湖北的调整比均在8%左右，通过调整，这三个省分别可以减排约35350吨、41623吨和82198吨COD。根据表6-3的数据，2015年一产COD排放量松弛变量和2011年相较，松弛变量为0的情况未发生变化，一产COD排放量依然影响着长江中游省区的水资源利用效率。安徽的一产COD排放量松弛变量值减小了约10689吨，其调整比较2011年下降了约2%，COD排放情况略有好转；湖北的一产COD排放量松弛变量减小了约500吨，而对应的调整比约为9.8%，较2011年上升了约1%；2015年湖南的一产COD排放量松弛变量约为95754吨，比2011年增加了约13556吨，调整比也上升了3%左右。

②长江经济带各省市一产氨氮排放量对各省市亦存在不可忽视的影响。表6-2显示，除浙江、江西和湖南三省外，长江经济带其他省市在各年的一产氨氮排放量松弛变量均为0，0松弛变量省市的比重为72.7%。2011年浙江的一产氨氮排放量的松弛变量约为2724吨，调整比约为9.8%；江西的松弛变量约为3395吨，其调整比超越了10%达到10.8%以上；而湖南的一产氨氮排放量的松弛变量则相对高达11401吨，调整比也达到了17.7%以上，氨氮排放量过大。从表6-3来看，2015年松弛变量均值稍微有所减少，江西的一产氨氮排放量调整比较2011年下降了约2%，但浙江和湖南两地的松弛变量值均在增加，其调整比分别上升了约3.6%、2.4%，其中湖南的调整比更是高达20.1%以上，远远超过了达到DEA有效的一产氨氮排放量，污染物排放量与其农业生产很不匹配，水资源利用效率受氨氮排放量的影响显著。

③DEA分析结果显示，一产COD排放量或一产氨氮排放量等投入变量存在冗余的长江中游四省以及下游的浙江省，其GDP产出均未达到有效值，还存在提升空间。具体来看，2011年江西的一产GDP松弛变量最大，约为798亿元，主要受一产氨氮排放量的影响，其调整比也最大，高达57%以上，因此江西若通过适当地减少一产氨氮排放量达到DEA有效，则可多创造一半以上经济产值；

安徽的一产 GDP 排放量相对次之,约为 515 亿元,主要受一产 COD 排放量的影响,若通过削减一产 COD 排放量达到最优,可比原来增加约 26% 的产值;而浙江、湖北和湖南的一产 GDP 松弛变量相对较小,均在 10% 以下。2015 年,除湖北外,其余四省的一产 GDP 的松弛变量和调整比均在 2011 年的基础上有所上升,其中浙江和湖南一产 GDP 的调整比增幅较大,分别增加了约 11% 和 5%,而湖北则减少了约 4%。

综合来看,整体的氨氮排放量较 COD 排放量的冗余度和调整更大,对长江经济带影响更为显著,主要集中在长江中游地区,表明中游地区的实际污染物排放量超过了 DEA 有效的相对要求,水资源开发运用效率不高,具有较大的优化余地。环境污染较为严重的是湖南省,其 COD 排放量和氨氮排放量均存在冗余,且冗余度(松弛变量)和调整比也最高,因此湖南应着重注意污染减排,改善工艺、保护环境、提升一产用水效率。另外,值得注意的是,虽然江西只有氨氮排放量这一投入指标存在冗余,且冗余度和调整比均最小,但其受此影响的一产 GDP 的松弛变量和调整比却最高,表明江西若通过调整投入产出结构优化水资源配置,则可提升超过一半的一产 GDP,促进经济增长。

二、第二产业水资源利用效率

(一)第二产业水资源利用平均综合效率及变化趋势比较

由图 6-6 可知,长江经济带二产水资源利用效率存在显著差异。下游、上游和中游地区的二产水资源配置平均综合效率依次递减,平均效率值分别为 0.89、0.75、0.62,整体平均综合效率与上游地区(0.72)接近,整体利用效率依然不高。上海、浙江和四川的二产水资源配置的平均综合效率为 1,达到 DEA 有效,利用效率处于高水平;重庆和江苏的二产水资源配置综合效率相对较高,均值都在 0.8 以上,处于中等水平;安徽、云南、湖北、江西和湖南五省的利用效率较低,在 0.6 左右,而贵州的二产水资源配置综合效率最低,平均值仅 0.45,处于低水平。

图 6-7 显示,2011—2015 年,上海、浙江和四川 5 年的二产水资源综合利用效率一直为最优,未发生变化。未达到 DEA 有效的 9 个省市中,除湖南的综合效率逐年缓慢上升外,其他各省二产水资源配置综合效率呈波动趋势,但变动幅

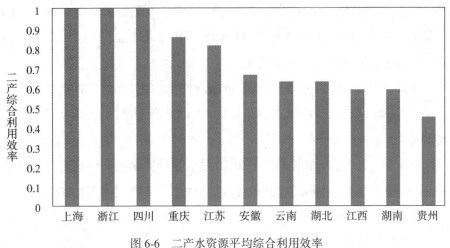

图 6-6 二产水资源平均综合利用效率

度均不大。其中安徽的变化幅度最小，仅有略微起伏，5 年间的二产水资源利用效率相对最平稳；而贵州、云南和重庆三省市 2015 年的平均综合效率较前一年均有较大幅度上升。波动变化的省市中，江苏省最终 2015 年的综合效率低于 2011 年，其他呈波动趋势省市的最终二产水资源配置平均综合效率均高于初始的综合效率。整体来看，尽管许多省市二产水资源利用效率 5 年间均有不同幅度的波动，但长江经济带在 2015 年的整体平均综合效率最高，二产水资源利用效率有好转之势。

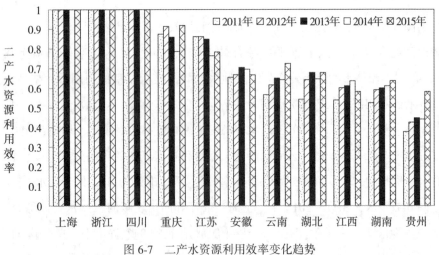

图 6-7 二产水资源利用效率变化趋势

(二)第二产业水资源利用效率的主要松弛变量和调整比分析

①表 6-4 和表 6-5 显示,长江经济带各省市二产水资源配置中,唯有二产氨氮排放量这一投入指标对水资源的产出效率存在影响。2011 年仅有长江中游四省二产氨氮排放量松弛变量不为 0,上游和下游省市的二产氨氮排放量均无冗余,二产水资源配置的投入产出状况较好,无需进行调整。二产氨氮排放量松弛变量最大的是湖南,超过 DEA 有效的氨氮排放量约为 16236 吨,调整比高达 58%以上;其次是湖北和江西,其过量的二产氨氮排放量调整比分别约为 40.2% 和 36.5%;而二产氨氮排放量松弛变量相对较小的是安徽,松弛变量值约为 2150 吨,调整比约为 24%。2015 年,二产氨氮排放量松弛变量为 0 的省市所占比例和非为 0 省市松弛变量相对大小的顺序未发生变化,但非为 0 的省市松弛变量值均有不小幅度的减小,二产氨氮减排量最多的是湖南,减少了 6000 多吨,而减排比率最大的是湖北,较 2011 年减少了近 9%。

表 6-4 2011 年长江经济带各省市主要二产水资源配置主要指标松弛变量及调整比

地区	二产 COD 排放量		二产氨氮排放量		二产 GDP	
	松弛变量(吨)	调整比(%)	松弛变量(吨)	调整比(%)	松弛变量(亿元)	调整比(%)
上海	0	0	0	0	0	0
江苏	0	0	0	0	0	0
浙江	0	0	0	0	0	0
安徽	0	0	2150.298	23.969	3867.208	46.540
江西	0	0	4432.097	36.523	5069.109	79.322
湖北	0	0	6872.960	40.214	6640.889	67.654
湖南	0	0	16235.932	58.258	7520.349	80.329
重庆	0	0	0	0	0	0
四川	0	0	0	0	0	0
贵州	0	0	0	0	0	0
云南	0	0	0	0	0	0

表 6-5 2015 年长江经济带各省市主要二产水资源配置主要指标松弛变量及调整比

地区	二产 COD 排放量		二产氨氮排放量		二产 GDP	
	松弛变量（吨）	调整比（%）	松弛变量（吨）	调整比（%）	松弛变量（亿元）	调整比（%）
上海	0	0	0	0	0	0
江苏	0	0	0	0	0	0
浙江	0	0	0	0	0	0
安徽	0	0	1073.6	16.118	3853.7	35.204
江西	0	0	2853.3	31.598	5859.0	69.654
湖北	0	0	3671.9	31.513	4619.7	34.211
湖南	0	0	10046	54.698	5655.6	44.145
重庆	0	0	0	0	0	0
四川	0	0	0	0	0	0
贵州	0	0	0	0	0	0
云南	0	0	0	0	0	0

②由于长江经济带二产水资源的配置只有二产氨氮排放量这一投入指标存在冗余(松弛变量不为 0)，因此二产 GDP 的产值只受二产氨氮排放量的影响，对应地也仅有中游四省的产出存在不足。2011 年，二产 GDP 非为 0 的省市松弛变量从大到小排序依次为湖南、湖北、江西、安徽。其中松弛变量最大的湖南省(约 7520 吨)，其 GDP 的调整比也最大，调整比高达 80.3%以上；江西的调整比也高达 79.3%以上，与湖南相差无几；湖北和安徽的二产 GDP 调整比相对稍低，分别为约 67.7%、46.5%，可见，水资源利用效率对这四省二产 GDP 增长的影响相当显著。2015 年，除江西外，其他三省的二产 GDP 松弛变量均有所减小，包括江西在内的对应二产 GDP 的调整比均大幅下降。这一时期，二产 GDP 调整比最大的是江西，约达 69.7%，但相较 2011 年下降了约 10%；随后依次为湖南、安徽和湖北，其中调整比下降幅度最大的湖南和湖北，分别下降了约 36%、33%。

综合来看，仅长江经济带中游四省的二产水资源的投入指标存在冗余，且仅受氨氮排放量这一指标影响。同一产水资源配置的突出情况类似,湖南二产氨氮排放量的冗余度及其调整比最高,亟待加强污染防治、提高用水效率;而江西的松弛变量及其调整比相对较低,但其二产 GDP 的调整比最大,即经济产出的提升空间比较充分,应努力改善工艺技术,提升二产用水效率,加快促进地区经济发展进程。

三、第三产业水资源利用效率

(一)第三产业水资源利用平均综合效率及变化趋势比较

由图 6-8 可知,长江经济带三产水资源利用效率存在显著差异。仅上海的平均综合利用效率达到最优,其次为江苏,平均综合利用效率值达 0.927,江浙沪的平均综合效率最高,处于较高水平。其他各省市的三产水资源配置的平均综合效率均比较低,重庆、湖北、湖南和云南的三产水资源配置综合效率居中,平均综合利用效率靠后的是四川(0.411)、安徽(0.368)和江西(0.338)。下游地区的平均综合效率以 0.88 的压倒性优势位于三个地区之首,上游地区的三产水资源配置平均综合效率略高于中游地区,由于上游和中游地区的平均综合效率均较低,因此长江经济带总体的平均综合效率也较低,仅有 0.567。

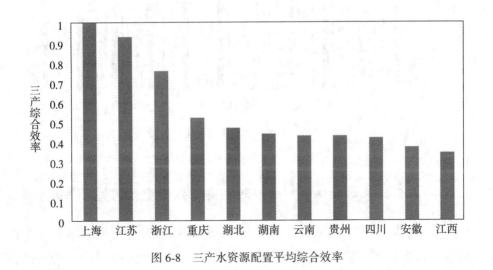

图 6-8 三产水资源配置平均综合效率

由图6-9可知，2011—2015年，上海的三产水资源配置综合效率维持最优，无上下起伏，其他省市的综合效率均未达到最优，且存在不同程度的波动状况。就整体趋势而言，长江经济带2013年的三产水资源配置平均综合效率最大，除浙江、重庆、湖北三省外，剩余综合效率未达最优的省市均在2013年达到峰值，前后存在波动，而湖北2013年的综合效率为其五年中最低。浙江省2013年的综合效率也有所上升，但之后一直下降，且最终的三产水资源配置综合效率低于2011年，整体呈逐渐下降趋势；重庆的三产水资源利用效率逐年上升，2014年综合效率达到最大值，2015年又略有下降；湖北的三产水资源配置综合效率变化幅度比较小，后四年的综合效率均低于2011年；变化幅度很小的还有综合效率排名最后的安徽和江西，综合效率较稳定；变动幅度较大的是江苏和重庆，综合利用效率无论是上升还是下降，江苏的变动幅度都相对较大，而重庆2012年的综合效率上升幅度最大。

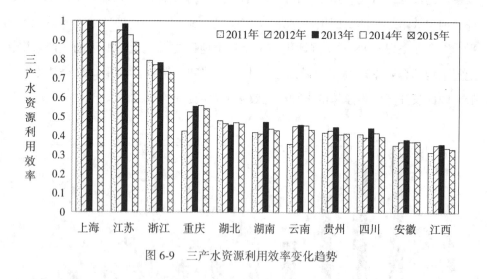

图6-9 三产水资源利用效率变化趋势

(二)第三产业水资源利用效率的主要松弛变量和调整比分析

表6-6和表6-7显示，长江经济带三产水资源利用效率中，除上海、江苏和贵州外，其他9个省市的三个投入指标均至少有两个指标存在冗余，相应的经济产出指标均存在不足。

表 6-6 2011 年长江经济带各省市主要三产水资源配置主要指标松弛变量及调整比

地区	三产用水量		三产 COD 排放量		三产氨氮排放量		三产 GDP	
	松弛变量（亿立方米）	调整比（%）	松弛变量（吨）	调整比（%）	松弛变量（吨）	调整比（%）	松弛变量（亿元）	调整比（%）
上海	0	0	0	0	0	0	0	0
江苏	0	0	0	0	0	0	0	0
浙江	0.377	0.943	0	0	649.58	0.872	2155.65	15.20
安徽	0	0	164693	36.557	2792.93	4.611	8565.30	172.13
江西	0.981	3.454	169331	43.452	0	0	8110.03	206.83
湖北	0	0	143404	31.086	2593.96	4.013	7034.90	97.07
湖南	6.892	15.248	145027	27.268	0	0	8332.21	110.51
重庆	0	0	29752	12.893	3265.36	8.577	2669.34	73.66
四川	0	0	223651	36.643	7376.33	9.388	8855.05	126.25
贵州	0	0	0	0	0	0	0	0
云南	1.504	6.164	104991	35.776	0	0	5765.79	155.76

表 6-7 2015 年长江经济带各省市主要三产水资源配置主要指标松弛变量及调整比

地区	三产用水量		三产 COD 排放量		三产氨氮排放量		三产 GDP	
	松弛变量（亿立方米）	调整比（%）	松弛变量（吨）	调整比（%）	松弛变量（吨）	调整比（%）	松弛变量（亿元）	调整比（%）
上海	0	0	0	0	0	0	0	0
江苏	0	0	0	0	0	0	0	0
浙江	3.787	8.529	10682	3.076	0	0	4980	23.33
安徽	0	0	183035	42.848	2358.5	4.336	13320	154.84
江西	0	0	210356	53.048	3374.1	7.126	12623	193.04
湖北	10.891	22.136	126697	29.059	0	0	12288	96.47
湖南	0	0	176137	33.142	5313.7	7.297	14456	113.29
重庆	0	0	36390	17.220	4801.2	13.865	1724	22.99
四川	2.463	5.099	189932	32.286	0	0	16136	122.92
贵州	0	0	0	0	0	0	0	0
云南	0	0	111035	39.447	7726.2	20.013	4114	66.93

①就三产用水量指标而言,2011年仅浙江、江西、湖南和云南四省的松弛变量不为0。三产用水量松弛变量最大的是湖南(6.892亿立方米),对应的调整比也最大(约15.2%);最小的是浙江(0.377亿立方米),调整比仅超过0.9%;其他两个省的松弛变量也较小,江西为0.981亿立方米,云南为1.504亿立方米,云南的调整比不到湖南的一半,江西的调整比约是云南的一半。2015年,浙江三产用水量的松弛变量为3.787亿立方米,在2011年的基础上增大了约10倍,调整比也增大到8.5%以上,三产用水浪费严重;江西、湖南和云南的松弛变量转为0,实现三产用水无冗余,用水情况较好;而湖北和四川的三产用水量出现冗余,湖北的松弛变量最大(10.891亿立方米),调整比约为22.1%。

②就三产COD排放量而言,2011年除江浙沪和上游的贵州省,其他省市三产COD排放量的松弛变量均不为0,松弛变量由大到小排序依次为四川、江西、安徽、湖南、湖北、云南、重庆,其中,唯有松弛变量最大的四川超过了20万吨,中游四省的松弛变量均为14万~17万吨,云南刚刚超过10万吨,而重庆的松弛变量最小,约为3万吨。三产COD排放量对应调整比的大小顺序为江西(约43.5%)、四川(约36.6%)、安徽(约36.6%)、云南(约35.8%)、湖北(约31.1%)、湖南(约27.3%)、重庆(约12.9%)。2015年,浙江三产COD排放量开始出现冗余,约为1万吨,排名最后;四川和湖北的松弛变量和调整比较2011年有所减小,其余5个省市均在增大。江西的松弛变量变为最大,其他省市松弛变量的大小顺序无变化,调整比从大到小变为江西(约53%)、安徽(约42.8%)、云南(约39.4%)、湖南(约33.1%)、四川(约32.3%)、湖北(约29.1%)、重庆(约17.2%)、浙江(约3.1%)。

③就三产氨氮排放量而言,2011年浙江、安徽、重庆、湖北和四川的三产氨氮排放量存在冗余,其余省市的松弛变量均为0。松弛变量和调整比从大到小的顺序均为四川(7376.33吨,约9.4%)、重庆(3265.36吨,约8.6%)、安徽(2792.93吨,约4.6%)、湖北(2593.96吨,约4%)、浙江(649.58吨,约0.9%)。2015年四川、重庆、湖北和浙江的三产氨氮排放量已无冗余;安徽的松弛变量和调整比仅有略微上升;而云南(7726.2吨)、湖南(5313.7吨)、重庆(4801.2吨)和江西(3374.1吨)较2011年开始出现冗余,且松弛变量依次减小,云南(约20%)、重庆(约13.9%)、湖南(约7.3%)、江西(约7.1%)和安徽(约4.3%)的调整比依次减小。

④就三产 GDP 而言，2011 年，除上海、江苏和贵州三省市投入指标均不存在冗余外，其他省市的三产 GDP 均因受不同投入指标冗余的影响，存在不同程度的产出不足情况。三产 GDP 松弛变量从大到小排序依次为四川、安徽、湖南、江西、湖北、云南、重庆和浙江，前四个省的松弛变量均在 8000 亿元以上，湖北（7034.90 亿元）和云南（5765.79 亿元）居中，重庆和浙江的松弛变量均在 3000 亿元以下。三产 GDP 的调整比差异很大，尽管江西的松弛变量排在第四，但其对应的调整比却高达 206.8% 以上，排名第一；安徽（约 172.1%）、云南（约 155.8%）、四川（约 126.3%）和湖南（110.5%）的调整比依次紧跟其后，均超过了 100%；湖北和重庆的调整比相对较小，分别约为 97.1%、73.7%；浙江的调整比最小，仅高于 15.2%。2015 年，三产 GDP 存在冗余的省市未发生变化，除云南和重庆的松弛变量减小了 1000 亿元左右外，其余 6 个省市的松弛变量较 2011 年均有大幅度的增加。四川、湖南、湖北、江西和安徽的松弛变量均达到 12000 亿元以上，松弛变量最大的四川省（16136 亿元）更是增加了近 1 倍。调整比从大到小依次为江西（约 193%）、安徽（约 154.8%）、四川（约 122.9%）、湖南（约 113.3%）、湖北（约 96.5%）、云南（约 66.9%）、浙江（约 23.3%）、重庆（约 23%），调整比较 2011 年整体有所减小，但依然过大，远远超过了一产和二产 GDP 的调整比例，经济提升的空间非常大。

综合来看，长江经济带大部分省市三产水资源利用效率的投入指标均存在冗余的情况，其中 COD 排放量这一指标的影响程度更大。三产用水量和三产氨氮排放量存在冗余的省市相对较少，冗余度也都相对不大；三产 COD 排放量的冗余度很大，除浙江和重庆外，其他六省三产 COD 排放量的冗余量均在 10 万吨以上，污染超排严重；三产 GDP 的产出不足情况较一产和二产都更为严峻，安徽、江西、湖南和四川四省的三产 GDP 调整比已经超过 100%，江西的调整比更是高达 193% 以上，表明这些省份的实际三产 GDP 仅为理想值的 1/2 甚至 1/3，水资源的经济效率十分低下，三产 GDP 的提升空间巨大。

四、综合水资源利用效率

（一）综合水资源利用平均综合效率及变化趋势比较

由图 6-10 可知，长江经济带各省市综合水资源配置的平均综合效率存在差异。从分区来看,长江经济带下游地区的整体综合水资源配置的平均综合效率达到了最优,这是由于下游地区江、浙、沪三省的平均综合效率均达到最优;上游地区的综合水资源配置的平均综合效率大于中游地区。结合产业分析来看,二、三产业水资源利用效率排名中,下游地区的平均综合效率均高于上游地区,仅一产的水资源配置平均综合效率低于上游地区,而中游地区一、二、三产业的水资源配置平均综合效率均排名最后,由此亦可见,综合水资源配置的平均综合效率为下游地区、上游地区、中游地区依次递减。长江经济带综合水资源配置的整体平均综合利用效率为 0.742,均大于一、二、三产业的整体平均利用效率。

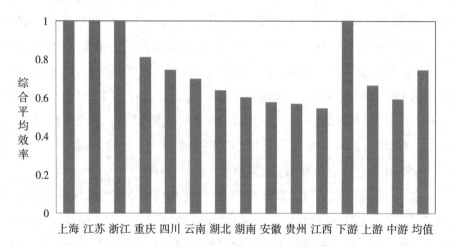

图 6-10 综合水资源配置平均综合效率

具体来看,除江、浙、沪外,综合水资源配置平均综合效率由高到低依次为重庆、四川、云南、湖北、湖南、安徽、贵州、江西。除贵州外,上游地区四省的平均综合效率均处中等水平;除湖北外,中游地区四省的平均综合效率均处较低水平,因此湖北在中游地区省份的综合水资源利用效率较好,贵州在整体效率不错的上游地区省份中水资源利用效率较差。结合产业分析,贵州的一产水资源配置平均综合效率非常好,已经接近最优值,但其二产水资源配置的平均综合效率却最差,三产水资源配置的平均综合效率也处于较低水平,因此贵州在上游地区省市的水资源利用方面表现较差。而上游地区其他三省的一产和二产的水资源配置平均综合效率均处于中高等水平，三产水资源利用效率处中等水平，因此重庆、四川和云南综合水资源配置处于中等水平。而湖南、安徽和江西等中游地区省份，其一、二、三产的水资源配置平均综合效率均居中或偏低，所以其综合水资源利用效率处较低水平。另外，虽然上海的一产水资源配置综合效率排名最末，但其二、三产业的平均综合效率均最优，使得最终的综合水资源利用效率也最优。

由图6-11可知，上海、江苏、浙江每年的综合水资源配置综合效率均达到最优值1，无趋势变化。从各省市的时间变化趋势看，综合水资源利用效率相对较好的重庆和相对较差的贵州，其综合效率呈严格递增趋势，其他综合利用效率未达DEA有效的省份均存在波动效应。四川的综合水资源利用效率波动次数最多(3次)，每年在上一年的基础上均有起伏，且变动幅度最大。尤为明显的是2014年四川的综合效率突然大幅上升，因为其二产用水量较上一年减少了14亿立方米，且为5年内最低值，四川该年的综合效率也是未达DEA有效省市中5年内的最大值，而后又降至2011年水平以下，利用效率极不稳定。结合产业发展来看，四川省一、二、三产业2014年的利用效率较其他年份并无显著差异，可见，三个产业的综合水资源利用效率有时并不等效于分效率之和或其平均值。云南和湖北的波动次数次于四川，而湖南、安徽和江西的波动次数最少，仅有1次，且变动幅度也都不大。从整体的时间趋势上看，长江经济带2014年的综合

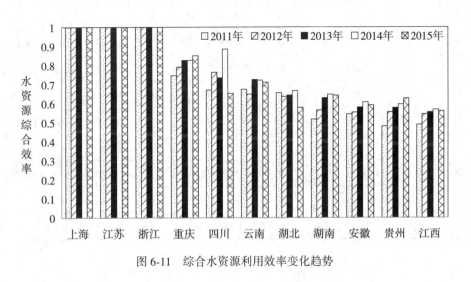

图6-11 综合水资源利用效率变化趋势

水资源配置平均综合效率最大。结合各产业状况，长江经济带一产水资源配置平均综合效率在2011年最大，二产水资源配置平均综合效率在2015年最大，而三产水资源配置平均综合效率在2013年达到最大值，因此这亦呼应了上文四川看似特殊的变化状况，表明综合水资源利用效率并不是各产业效率的累加效应，而是一种更加综合而全面的发展状态。

(二)综合水资源利用效率的主要松弛变量和调整比分析

由表6-8和表6-9可知，长江经济带综合水资源利用效率中，综合水资源利用效率的全部投入指标均对经济产出存在影响(考虑到二产用水量只有湖北省2011年存在冗余和版面有限问题，因此未列出)，仅长江中游地区四省和上游地区四川省的部分或全部投入指标存在冗余，从而导致GDP的产出不足。

表6-8　2011年长江经济带各省市综合水资源配置主要指标松弛变量及调整比

地区	一产用水量		三产用水量		COD排放量		氨氮排放量		GDP	
	松弛变量 (亿立方米)	调整比 (%)	松弛变量 (亿立方米)	调整比 (%)	松弛变量 (吨)	调整比 (%)	松弛变量 (吨)	调整比 (%)	松弛变量 (亿元)	调整比 (%)
上海	0	0	0	0	0	0	0	0	0	0
江苏	0	0	0	0	0	0	0	0	0	0
浙江	0	0	0	0	0	0	0	0	0	0
安徽	99.874	59.308	0	0	448765	47.570	30959	28.443	10509	68.688
江西	115.897	67.500	0	0	259261	34.289	19067	20.612	9278	79.283
湖北	31.589	22.199	0	0	521151	47.935	44673	34.581	9245	47.090
湖南	35.440	19.356	2.003	4.431	366571	28.450	37877	23.173	16978	86.318
重庆	0	0	0	0	0	0	0	0	0	0
四川	44.337	34.530	0	0	541688	42.033	35444	24.795	9833	46.766
贵州	0	0	0	0	0	0	0	0	0	0
云南	0	0	0	0	0	0	0	0	0	0

表 6-9 2015 年长江经济带各省市综合水资源配置指标的松弛变量及调整比

地区	一产用水量		三产用水量		COD 排放量		氨氮排放量		GDP	
	松弛变量 (亿立方米)	调整比 (%)	松弛变量 (亿立方米)	调整比 (%)	松弛变量 (吨)	调整比 (%)	松弛变量 (吨)	调整比 (%)	松弛变量 (亿元)	调整比 (%)
上海	0	0	0	0	0	0	0	0	0	0
江苏	0	0	0	0	0	0	0	0	0	0
浙江	0	0	0	0	0	0	0	0	0	0
安徽	84.685	53.768	0	0	440132	50.895	27956	29.059	14017	63.670
江西	126.26	81.934	0	0	419734	59.278	30966	36.880	11636	69.578
湖北	30.042	19.014	2.575	5.234	214335	21.988	6298	5.573	19395	65.636
湖南	87.599	44.854	0	0	548641	45.744	56076	37.313	15605	53.994
重庆	0	0	0	0	0	0	0	0	0	0
四川	68.058	43.432	3.697	7.654	498047	42.110	32285	24.639	13385	44.540
贵州	0	0	0	0	0	0	0	0	0	0
云南	0	0	0	0	0	0	0	0	0	0

①就一产用水量而言，2011 年，长江中游地区四省和四川的一产用水量均存在冗余。松弛变量从大到小排序依次为江西、安徽、四川、湖南、湖北，仅排名第一的江西一产用水量的冗余超过 100 亿立方米，调整比达 67.5%；安徽的松弛变量约为 100 亿立方米，调整比约为 59.3%；其他三省的松弛变量和调整比均相对较小。2015 年，一产用水量存在的冗余的省份未发生改变，其中江西、湖南和四川的松弛变量和调整比均增大，安徽的有所减小，而湖北基本维持不变。

②就二产用水量而言，仅湖北省 2011 年的二产用水存在冗余，松弛变量较小，约为 2.103 亿立方米，调整比仅 1.7%。随后 4 年，湖北二产用水量均达到有效值，无浪费。其他各省市 5 年内的二产用水均无冗余存在，长江经济带二产水资源的用量整体较为合理。

③就三产用水量而言，2011 年仅湖南的三产用水存在冗余，松弛变量为 2.003 亿立方米，调整比约 4.4%。2015 年湖南的三产用水量转为有效，不再存

在冗余，而湖北(2.575亿立方米，约5.2%)和四川(3.697亿立方米，约7.7%)的三产用水量开始出现冗余。

④就COD排放量而言，2011年，长江中游地区四省和四川的COD排放量均存在冗余。COD排放量的松弛变量从大到小排序依次为四川、湖北、安徽、湖南、江西，其中四川和湖北的松弛变量超过50万吨，最小的江西也达到26万吨左右。而调整比从大到小分别为：湖北(约47.9%)、安徽(约47.6%)、四川(约42%)、江西(约34.3%)、湖南(约28.5%)。2015年，江西和湖南COD排放量的松弛变量分别增加了约16万吨和18万吨，调整比分别约为59.3%、45.7%；湖北和四川分别减少了约30万吨和4万吨，调整比分别约为22%、42.1%；安徽的松弛变量基本不变，但调整比上升了约3%。可见，湖北的COD减排力度在加大，减排效果很好，而江西和湖南还需严加控制。

⑤就氨氮排放量而言，2011年，长江中游地区四省和四川的氨氮排量均存在冗余。氨氮排放量的松弛变量从大到小排序依次为湖北、湖南、四川、安徽、江西，仅湖北的松弛变量超过4万吨，安徽、四川和湖南的松弛变量均在3万吨以上，而江西的松弛变量不到2万吨。调整比从大到小分别为：湖北(约34.6%)、安徽(约28.4%)、四川(约24.8%)、湖南(约23.2%)、江西(约20.6%)。2015年湖北氨氮排放量的冗余由2011年的44673吨减少到6298吨，降低了86%，调整比也降为约5.6%，污染减排效果十分显著；安徽和四川的松弛变量仅略微减小，调整比变化也较小；江西和湖南的松弛变量分别增大了约1.2吨、1.8万吨，调整比均上升了10%以上。

⑥就GDP而言，2011年产出GDP松弛变量从大到小排序依次为：湖南、安徽、四川、江西、湖北。湖南的松弛变量最大，约为1.7万亿元，安徽刚刚达到1万亿元，四川、江西和湖北的松弛变量均在9000亿元以上。调整比从大到小的排序为：湖南(约86.3%)、江西(约79.3%)、安徽(约68.7%)、湖北(约47.1%)、四川(约46.8%)。2015年，除湖南的GDP松弛变量较2011年有1300多亿元的减少外，其他四省的松弛变量均有2000亿元以上的增加，其中湖北更是增加了约1万亿元；调整比的均值也有所减小，均在70%以下。仅湖北GDP的调整比上升了约18%，其他四省的调整比均减小，其中减幅最大的是湖南，约减少32%。2015年的调整比从大到小排序依次为：江西(约69.6%)、湖北(约

65.6%)、安徽(约 63.7%)、湖南(约 54%)、四川(约 44.5%)。

综合来看,所有投入指标对长江经济带综合水资源配置的综合效率均有影响,从影响范围、冗余率和调整幅度三个方面来看,二产用水量和三产用水量这两个指标的影响相对较小,而一产用水量、COD 排放量和氨氮排放量对综合水资源利用效率的影响较大。湖北各投入指标的冗余度和调整比均较小,其他四省的冗余度和调整比都较高,尤其是安徽、江西和湖南三省。而包括湖北在内,5 个省的 GDP 调整比均较大,具有较大经济发展空间。

第七章 长江经济带绿色发展与水环境管理

第一节 长江经济带水环境保护政策概况

一、现行的相关法律法规体系

近年来,国家日益重视并多次强调长江经济带的生态环境保护工作。2014年,国务院印发《关于依托黄金水道推动长江经济带发展的意见》,提出将长江经济带建设为生态文明建设的先行示范带,保护长江生态环境,引领全国生态文明建设;2016年《长江经济带发展规划纲要》提出全面贯彻生态文明、绿色发展原则,将保护和修复长江生态环境列为长江经济带区域发展的一个主要任务,明确指出未来"长江生态环境只能优化、不能恶化",强化对长江经济带11省市的约束监管;2017年《长江经济带生态环境保护规划》出台,从水资源利用、水生态保护与修复、流域水污染防治等多个方面对沿线各省市提出了更为具体的量化目标,切实保护和改善长江生态环境,将长江经济带建设成为我国经济版图上的绿腰带。2018年4月,习近平主席在湖北、湖南调研长江生态环境修复工作,把脉长江经济带建设时再次强调,要保护母亲河,不能搞破坏性开发,长江经济带发展要共抓大保护、不搞大开发。

二、长江经济带水环境政策评估

(一)研究背景和意义

1. 研究背景

环境政策是为保护环境而颁布实施的各种制度措施,包括宏观层面的环境保护战略、方针、路线，以及微观层面的环境保护法律法规。自 1973 年第一次环保大会召开，我国环保意识逐步觉醒，环保事业开始起步，到 1983 年第二次全国环保会议上环境保护被定为一项基本国策，环境保护逐渐受到重视，政府逐渐加大对环境保护事业的投入，转变经济发展方式，提出"科学发展观""和谐社会"等环保理念，并将生态文明建设纳入"五位一体"中国特色社会主义总体布局，从中央到地方都出台了大量环境保护政策，以推动环境的保护治理和改善。

2. 研究意义

研究意义可以从两个层面来说。

一是理论意义。在指标体系与方法上为环境政策评估提供一种理论参考。目前我国环境政策评估尚未形成系统化的理论和实践基础，国内外学者对水环境政策评价研究成果也相对较少，尚未成熟。本书在现有理论与方法的基础上，结合相关政策，尝试建立较为全面的指标体系，运用科学方法，对长江经济带水生态环境政策进行实证分析，希望能够为后续的环境政策评估提供一种理论与方法借鉴。

二是现实意义。水环境政策评估有利于提高政策执行效果，可为后续政策的出台提供借鉴和参考，推进生态文明建设。我国社会经济和环境保护均处于深刻变革时期，水资源的短缺和水质恶化是我国严峻的环境问题之一，如何在整治水环境质量、防治水污染的同时，保持经济的持续发展是一项重要议题，为此，政府出台了众多法律法规文件。通过建立指标体系和实证模型，对这些政策的实施效果、影响和意义进行全面评估，作出客观评价，将评估结果反馈给相关政策制定者，并提出合理建议，有利于发现和解决政策实施过程中的各种问题，对政策实施过程中出现的偏差进行适时调整和优化，将环保政策落到实处，提高政策的执行质量，为后续优化水环境政策提供依据，推进生态文明建设。

(二) 政策评估研究现状

1. 政策评估发展历程

不同学者对于公共政策的由来和发展历史有不同的观点。Frank vander most 认为，公共政策评估可以追溯到 1900 年左右美国开展测评学生成绩的实践。到了 20 世纪 30 年代，社会学家史蒂芬通过实验对当时美国总统罗斯福的"新社会计划"进行评估，使得政策评估开始逐渐被纳入系统科学范畴，发展了评估性描述。政策评估在西方国家尤其是美国已经成为政策运行过程中的一个必要的环节。到了20世纪60年代，社会项目评估通常被嵌入一个基本的自上而下的政策循环视角，一些学者强调评估中的判断标准等要素，促进了评估模型的发展（Frank vander most）。政策评估逐渐开始成为一个重要的研究领域，政策评估在西方国家尤其是美国已经开始走向成熟。1972年，美国对其1948年《水污染控制法》进行了修订，并规定每4年审定一次，形成了"立法—执法—评价—修正"这样一种循环往复的过程，意味着美国环境政策评估在理论和实践上都迈出了一大步。这一阶段评估的标志是"描述"和"判断"，主张"政策评估即实地实验""政策评估即社会实验"，强调现实生活实地调查的重要性和价值判断的功能，将重点放在社会公平性议题上。20世纪80年代以后，出现了对于政策评估研究的高潮，学者们逐渐开始重视政策评估，而非一味地重视对政策设计本身的研究。在这一阶段逐渐形成"执行—评估—调整—执行"的循环性理论，即"回应的建构性评估"，认为评估应以政策的制定运作为导向，而非仅仅专注于政策目标，同时主张民主参与，关注并回应利益相关者的需求。

我国将公共政策评估作为独立的研究领域开展的时间并不长，20世纪80年代以后，政策科学开始传入我国，并得到迅速发展，一方面一些学者在其著作中对西方的政策科学和政策评估理论做了详细介绍，使得人们对西方的政策科学有了更多的认识和了解；另一方面，许多学者开始研究我国的公共政策，涉及科技政策、公共产品价费政策、经济政策、就业政策、养老保险和环境经济政策等方方面面，并对公共政策评估的具体内涵、评估主体、评估标准、评估方法等都进行了探讨。

2. 政策评估模式

1997年，瑞典政策学家韦唐将政策评估模式根据组织者的不同进行了系统分类，包括效果、经济和职业化模式三类，赋予每种评估模式不同的侧重点。效果模式除了传统的目标达成模式，还包括无目标模式、综合模式、顾客导向模式和利益相关者模式；经济模式与效果模式的主要区别在于侧重成本，包括生产率模式和效率模式；而职业化模式侧重的并非评估的内容，而是评估的人，最为典型的职业化评估模式是同行评估。这几种评估模式各有特点，都有分别侧重的领域，在实际运用中评估者需要根据自己的需要选择适合的评估模式。

进入21世纪后，弗兰克·费希尔将事实和价值相结合，提出更加全面的评估框架。他将政策评估划分为两个阶段：第一阶段的评估侧重实施结果和政策背景，包括项目验证、情景分析，从而验证项目的实施是否达到了既定的目标，确认项目目标与问题情景的相关性；第二阶段的评估从宏观角度分析政策的社会影响，包括社会论证和社会选择，分析政策目标为现实社会提供了哪些价值，以及项目实施是否有利于解决社会的价值矛盾。

韦唐和弗兰克·费尔希都从不同的角度对评估模式和框架进行了划分，形成了较为科学全面的评估框架结构。韦唐和弗兰克·费尔希的政策评估模式是两种比较典型的政策评估模式，此外还有一些学者根据评估标准划分了不同的评估模型。豪斯根据评估主体、评估目标、评估方法和评估输出形式，把实践中的评估模型总结为八种，分别为系统分析模型、行为目标模型、决策制定模型、无目标模型、技术评论模型、专业总结模型、准法律模型和案例研究模型。威廉·邓恩根据评估标准的不同，划分了三种不同的评估模式，即伪评估、正式评估和决策理论评估。这些政策评估模型虽然根据不同的评估标准，对评估进行了更为细致的划分，从而能够进行更为有针对性的评估，更好地诠释与分析问题，但是这些较为抽象的概念框架与分类在实际运用过程中难免会有局限。

近年来，我国有许多学者对政策评估模式及其应用进行了相关研究。谢媛[①]在其论文《政策评估模式及其应用》中，对韦唐的八种政策评估模式进行了详细的介绍，并分析了各种评估模式在实际运用中适合的侧重领域以及可能存在的问题，并将这些评估模式应用于我国20世纪90年代计划生育政策评估；杜文静[②]介绍了西方政策评估模式在教育领域的演进和发展趋势，探索我国的教育政策评估模式的构建与改善；李瑛[③]详细阐述了政策评估中利益相关者模式的内涵、特点和应用领域，分析其对我国政策制定的启示，并运用该模式对我国政府的价格

---

① 谢媛. 政策评估模式及其应用[D]. 厦门：厦门大学，2001.

② 杜文静，葛新斌. 西方教育政策评估模式的演进及其启示[J]. 清华大学教育研究，2017，38(2)：90-94.

③ 李瑛，康德颜，齐二石. 政策评估的利益相关者模式及其应用研究[J]. 科研管理，2006，27(2)：51-56.

决策听证制度进行了分析评估；王雪梅①梳理并分析了中西方对于政策评估的认识和政策评估模式的演进过程，提出选择政策评估模式在依据科学性、可行性等基础上，还应注意适用性、价值导向、简单易行和与相关者的沟通等问题，认为现有评估模式在价值导向、系统性和理论探讨等许多方面还存在不足，需要进一步深入研究并改进。周建国②分析了政策评估模式发展的历史，以及政策评估模式由单一向多元转变的逻辑，以南水北调移民政策评估为例探讨了多元评估模式的困境，认为政策评估模式应按照协调多元价值的原则，兼顾个人权利保护、社会公平以及社会发展等多元价值需求。

总体而言，政策评估的相关研究在我国起步较晚，但是却得到了比较迅速的发展，并被日益重视，广泛应用于各个领域。但是政策评估在我国的发展和应用还存在一些问题。首先，我国主要沿用西方的政策评估模式，鲜有自己的创新；其次，有些组织机构的内部自我评价或流于形式，或因好大喜功而夸大统计数据、文过饰非，使得政策评估结果与实际情况之间出现较大偏差，失去原有的评估意义。总之，我国要建立科学系统的政策评价体系、标准与制度，实现全面客观的评估，还有较长的路要走。

(三) 环境政策评估研究现状

公共政策评估中的环境政策评估工作在一些发达国家也较早地开展了实践，并形成相对成熟完备的体系。其中，最具代表性的是美国的环境经济影响分析，美国环境保护署 EPA 分别于 1997 年、1999 年和 2011 年对清洁空气法案进行了成本效益分析③，并按照《准备经济分析的导则》《监管知情权法案》等相关政策文件，对包括环境政策在内的环境政策进行定期、科学的评估。欧盟的环境政策评估与美国有许多相似之处，同样主要采用成本效益分析的方法对政策的经济影响效益进行评估，但欧盟的环境政策评估工作主要依据欧洲环境署 EEA 提出的

---

① 王雪梅，雷家骕. 政策评估模式的选择标准与现存问题述评[J]. 科学学研究，2008，26(5)：1000-1005.

② 周建国. 公共政策评估多元模式的困境及其解决的哲学思考[J]. 中国行政管理，2012(2)：41-44.

③ Costs and Benefits of the 1990 Clean Air Act Amendments, From 1990 to 2020[J]. Air Pollution Consultant, 2011, 21(4): 1-5.

DPSIR(驱动力-压力-状态-影响-响应)框架,侧重在人类活动与环境经济社会影响之间建立一种因果联系,从而进行评估①。日本在20世纪90年代后期开始实施政策评估制度,在短短二十几年的发展过程中,形成了较为完善的环境政策评估体系②。日本的环境政策评估工作是在公共政策评估统一框架下推进开展的,2001年日本制定了《关于行政机关实施政策评估的法律》,明确规定为了达到提升管理的效果和效率,确保政府严格履行对公众负责的目的,包括内阁办公室各部委在内的行政主体必须开展政策评估。此外,日本还制定了《执行政府政策评估法案的内阁命令》《执行政府政策评估法案的条例》《实施政策评估的基本指南》等相关政策指南,在《政策评估法案》的统一要求下,环境省制定了具体的实施计划《环境省政策评价基本计划》,明确了环境省政策评估的定位、计划时期、实施方针、注意事项等问题,同时就事前评估和事后评估的各项基本要素分别给出实施的具体说明③。与欧美国家的实践相比,日本环境政策评估制度化推进的特点是鲜明的,其体系建设也具有可操作性和实用性。

环境政策评估作为公共政策评估的一个分支,在我国起步更晚,直至1988年,武汉大学教授蔡守秋在其专著《中国环境政策概论》中首次提出要开展环境政策学的研究。进入21世纪,越来越多的专家学者开始关注相关问题,在环境政策评估理论和方法层面进行了一系列的探索。李康以已有公共政策评估的理论为基础,在其专著《环境政策学》中对环境政策评估的对象和内容、作用、标准、方法、步骤进行了系统的理论探索。2003年12月,中国人民大学教授宋国君等在《环境保护》上发表了《环境政策评估及对中国环境保护的意义》一文,对环境政策评估的定义、内容、标准、过程和步骤、方法进行了系统的简单论述,并分析了环境政策评估面临的障碍,同时给出了完善的对策。中国环境规划院副院长兼总工程师王金南(2007)在《环境政策评估推动战略环评实施》中简要介绍了环境政策评估的定义、作用和意义,及环境政策评估与战略环境评价(战略环境评价是对政府政策、规划及计划的环境影响评价)的关系,此外,他还在《为什么

---

① European Commission. Assessing the Costs and Benefits of Regulation[R]. 2013.
② 王军锋,关丽斯,董战峰. 日本环境政策评估的体系化建设与实践[J]. 现代日本经济,2016(4):60-69.
③ 日本环境省政策评价公关科. 环境省政策评估基本计划[EB/OL]. (2011-4-1). http://www.soumu.go.jp/index.html.

要进行环境政策评估》一文中,针对什么是环境政策评估、怎样进行和完善环境政策评估等环境政策评估九大问题进行了解答。

此外,在实践层面,也有许多学者围绕大气治理、节能减排、海洋环境等主题开展了具有针对性的环境政策评估。宋国君从污染防治行动状况、污染物排放控制效果、水质以及政策管理体制四个方面对淮河流域水环境保护政策进行了全面评估,并对环境政策和管理上可能存在的问题进行了分析①。雷仲敏、周广艳等根据公共政策评价的标准和模式,将政策目标、影响和收益三方面相结合,构建了节能减排政策评价指标体系,根据成本-效益分析框架,对"十一五"期间山东省节能减排政策进行了评估,并根据评估结果,在对我国节能减排政策进行分析的基础上,提出了具体的建议②。周莹将定量与定性分析方法相结合,利用层次分析和模糊数学法建立评价模型,对广东省海洋环境政策进行了综合评价③。赵妮根据弗兰克·费尔希的政策评估模式,对北京市空气清洁行动计划政策的有效性与社会影响进行了评估,并据此对政策的制定与执行提出建设性意见④。

总结来看,相比于发达国家,我国的环境政策评估起步较晚,在理论和方法等层面主要沿用发达国家的模式,在实践层面,评估对象也主要以单项或流域环境政策评估为主。但值得注意的是,环境政策作为公共政策的一类,具有很强的公共管理特征,同时结合我国的现实国情,环境政策的实施又具有明显的行政管理特征。同一项环境政策的实施可能涉及众多公共管理部门,某一个公共管理部门也可能涉及众多环境政策的实施与管理,某一类环境政策的实施还可能涉及多个行政区域间、一个行政区域内多级行政组织间的联合与协作。因此要单纯地就某一项环境政策的实施效果进行有效的评估,尽管有可能达到预期的评估结果,但很难明确评估结果的指向性,即哪一主体应该对评估结果负责。由此我们认为,在我国环保法明确"地方各级人民政府应当对本行政区域的环境质量负责",

---

① 宋国君,金书秦.淮河流域水环境保护政策评估[J].环境污染与防治,2008,30(4):78-82.

② 雷仲敏,周广燕,邱立新.基于费-效分析框架的国家节能减排政策绩效评价研究——以山东省为例[J].区域经济评论,2013(4):86-93.

③ 周莹.广东省海洋环境政策绩效评价研究[D].湛江:广东海洋大学,2014.

④ 赵妮.北京清洁空气计划评估研究[D].石家庄:河北师范大学,2015.

实行领导干部环境保护责任离任审计制度前提下,以行政区划为单元,依托环境科学理论对可以相对严格区分环境要素的生态环境、水环境、大气环境、土壤环境进行综合评估,其相比于对某一项环境政策进行评估反而具有更强的现实意义与实践价值。

三、环境政策评估相关理论分析

(一)公共政策评估

1. 公共政策的内涵

公共政策是为了社会共同利益与发展,由政府等公共组织颁布或采取的各项措施、策略与办法的总称①。而公共政策评估是评估主体按照一定的程序标准和科学方法,对政策的实际结果与目标差异程度、投入和产出效果,以及政策的科学合理性所做出的评价判断,进而指导实践,为未来的政策修订调整提供依据②。

从公共政策评估的含义可以看出,公共政策评估主要包含以下几个要点:一是规范,即确定政策评估的标准规范,科学的规范标准是进行科学评估的前提,具有至关重要的作用;二是测量,即根据评估的对象和内容收集相关信息,这些信息可以是客观的监测数据,也可以是根据社会调查所得的人民对于政策执行效果的满意度等主观信息;三是分析,即评估主体依据相关规范标准和收集所得信息,选取一定的定性、定量分析方法,对政策进行分析、评价,从而得出结论;四是建议,即根据评价结果提出具有针对性的具体建议,这些建议可以是针对政策内容本身的,也可以是面向政策的执行过程或者政策的颁布和执行主体的,进而指导下一阶段政策的制定、执行工作③。

2. 公共政策的发展历程

公共政策评估的发展历程可以追溯到 20 世纪 30 年代,自 1951 年美国学者拉斯韦尔第一次提出政策科学的概念以来,公共政策评估作为政策科学的一个分

---

① 蔡守秋,主编.环境政策学[M].北京:科学出版社,2009.
② 马国贤,任晓辉,编著.政府绩效管理丛书:公共政策分析与评估[M].上海:复旦大学出版社,2012.
③ 黄维民,冯振东,编著.公共政策研究导论[M].西安:陕西人民出版社,2009.

支，也逐渐受到重视①。随着科学技术的发展，以及人们对社会问题和矛盾的关注，政策评估也不断发展成熟，在20世纪六七十年代得到快速发展，其发展历程主要可以分为三个阶段②。

20世纪30~60年代公共政策评估开始起步。20世纪30年代社会学家史蒂芬通过实验对当时美国总统罗斯福的"新社会计划"进行评估，使得政策评估开始逐渐被纳入系统科学范畴。这一阶段评估的主要标志是"测量"，认为"政策评估即实验室实验"，将评估等同于实验，仅仅注重实验结果，却没有考虑现实条件，难以将评估进一步推广。

20世纪60~80年代是政策评估取得快速发展和逐渐成熟的阶段。20世纪60年代起，政策评估逐渐成为一个重要的研究领域，政策评估在西方国家尤其是美国开始走向成熟。1972年，美国对其1948年《水污染控制法》进行了修订，并规定每4年审定一次，形成了"立法—执法—评价—修正"这样一种循环往复的过程，意味着美国环境政策评估在理论和实践上都迈出了一大步。这一阶段评估的标志是"描述"和"判断"，主张"政策评估即实地实验""政策评估即社会实验"，强调现实生活实地调查的重要性和价值判断的功能，将重点放在社会公平性议题上。

20世纪80年代以后，出现了对于政策评估研究的高潮，学者们逐渐开始重视政策评估，而非一味地重视对政策设计本身进行研究。在这一阶段逐渐形成"执行—评估—调整—执行"的循环性理论，即"回应的建构性评估"，认为评估应以政策的制定运作为导向，而非仅仅专注于政策目标，同时主张民主参与，关注并回应利益相关者的需求③。总之，这一阶段的评估注重通过民主协商的方式，了解并回应利益相关者的需求和想法④。

---

① 李德国，蔡晶晶.西方政策评估：范式演进和指标构建[J].科技管理研究，2006(8)：246-249.
② 于娟.环境政策评估的理论与方法研究[D].甘肃：兰州大学，2008.
③ 李德国，蔡晶晶.西方政策评估技术与方法浅析[J].科学学与科学技术管理，2006，27(4)：65-69.
④ 董战峰，葛察忠，高玲，等.国际环境政策评估方法研究最新进展[C].//中国环境科学学会环境经济学分会2012年年会论文集.2012：297-310.

3. 政策评估的类型

政策评估具有多种表现形式,为了便于理解和分析,许多学者基于不同的角度,对政策评估进行了分类,主要有以下几类①。

(1)事前评估、事中评估与事后评估

根据评估实施的阶段,可以将政策评估分为事前、事中与事后评估。事前评估是政策执行前对政策的科学性、可行性进行的论证,以及对政策可能取得的效果进行的预测分析;事中评估也称为"阶段性评估",是事前评估与事后评估的综合,适用于针对长期性政策的评估,对上一阶段的政策实施结果进行评价,发现成效与问题,用于指导下一阶段的工作并对下一阶段的政策进行预测分析;事后评估侧重对政策实施的结果进行评估,从而检测政策效果,是被广泛应用的一种评估类型。

(2)正式评估与非正式评估

依据评估的程序不同,可以划分为正式和非正式评估。正式评估是严格按照预先制订的评估方案和既有的程序、标准进行评估,最后形成严谨的评估报告或结论。而非正式评估对评估的各要素不做严格规定,依据评估者所掌握的信息加以评述。正式评估在公共政策评估中占据主导地位,过程趋于标准化,评估结论也客观全面;而非正式评估作为正式评估的一种补充,则更为灵活。

(3)内部评估与外部评估

根据评估的主体差异,又可将评估分为内部和外部评估。其中内部评估主要是由公共组织(包括政府机构)进行的评估,具体形式包括本级政府评估和上级政府评估。这种评估模式将政策的制定实施部门与评估结合起来,有利于及时发现和解决问题、完善政策,但是这种自我评估模式缺乏监督,评估者有利用信息不对称夸大成绩、掩饰问题的可能,带有主观色彩。外部评估包括公共机构委托给第三方机构所进行的评估,以及媒体、公众等通过各种载体所进行的社会评估。这类评估有利于发挥监督作用,具有一定的参考价值,但是相对于内部评估而言,评估主体可能不够"内行",不够了解政策的具体情况。

4. 政策评估的标准

任何评价都需要建立在一定的标准之上,政策评估也不例外。政策评估标准

---

① 梁平,编著. 政策科学与中国公共政策[M]. 重庆:重庆大学出版社,2009.

是根据现实情况与科学依据设立的准则，用于衡量政策制定或实施的水平，通常可以划分为事实和价值标准[①]。

(1)事实标准

事实标准是根据直观的数据统计结果所建立的标准，主要包括用以反映政策实施结果的统计数据资料说明的事实；用于分析政策目标实现度，以及以包括抽样、入户调查、深度访谈等典型调查数据说明的事实。

(2)价值标准

价值标准是以某一政策的投入所产生的直接经济和社会效果为依据的评估标准，旨在确定公共政策的经济和社会价值，包括政策投入所产生的经济效益，以及政策实施所带来的社会影响。

政策评估中的事实和价值标准是不可分割的，实际上，当我们在决定选取什么事实来作为评估依据时，就已经融入了价值标准，我们所选取的评估指标的名称、内容、口径反映了评估的价值取向，而指标的量则反映了事实的程度，政策评估既是事实判断的过程，也是价值判断的过程。

5. 政策评估的作用

(1)诊断政策运作过程中的问题

公共政策评估通过事实和价值判断，对政策的运行情况进行分析，能够及时地发现政策制定和执行中出现的问题，一般而言，政策运行过程中的问题主要有两种：第一种是政策本身的问题，即政策本身有不合理之处或者不能够适应环境的变化；第二种是执行的问题，即因政策投入的资源不足，或执行人员素质低下等因素未能将原有的政策按计划彻底贯彻执行。通过政策评估能够发现问题，进而找出原因、进行修正，因而公共政策评估具有诊断功能。

(2)预测政策的科学性

公共政策评估包括事前评估，通过事前评估可以判断政策的可行性，并能够据此对政策运行所带来的社会经济影响和效益进行预测，判断政策是否科学可行，因而公共政策评估具有预测功能。

(3)反馈政策信息

公共政策评估在诊断政策运行过程中的问题的同时，能够及时有效地将这些

---

① 陈玉龙. 公共政策评估的演进：步入多元主义[J]. 青海社会科学，2017(4)：68-74.

问题或者成效，以及人们对于政策执行的满意度、评估主体的判断和建议等信息，反馈给政策的制定者和执行者，从而方便政策制定和执行主体了解政策运行状况和利益相关者的需求、判断与想法。所以说，政策评估具有反馈功能。

(4)矫正政策问题

通过事实和价值判断，政策评估在诊断、发现政策运行过程中的问题的同时，可以根据问题和实际情况提出有针对性的建设意见，矫正现有的政策问题，指导下一阶段的政策制定、执行工作，对政策的制定和执行进行监督控制，协助政策制定、执行主体根据反馈的信息对下一阶段政策活动进行矫正、调整，所以公共政策评估也具有矫正功能。

(二)环境政策评估

1. 环境政策评估界定

(1)内涵

环境政策是公共政策的一个重要分支，一直以来，面对环境形势的变化和压力，人们不断地制定、颁布各种各样的环境政策，非常重视环境政策的制定与执行，但是对于这些环境政策颁布实施后得到了怎样的执行、具体的执行效果如何，人们通常了解得很少，也不怎么关心，常常忽视了政策的评估。环境政策评估是指根据一定的科学标准，对环境政策的效益、效率、效果及价值进行评估[1]，从而判断政策是否达到预期目的、得到良好的实施与推行，并发现问题，促进政策的改进与完善[2]。

(2)特性

环境政策隶属于公共政策的一个分支，环境政策评估除了与一般的公共政策评估具有相同之处外，还有许多不同于其他评估的特性。首先，环境政策评估具有复杂性，其复杂性主要体现在环境政策涉及人与自然如何共处的问题，影响自然环境以及经济社会的方方面面，并且环境政策的实施结果并不仅仅局限于环境政策执行的空间和时间范围，因而较为复杂，并对评估的人员与方法技术有较高

---

[1] 罗柳红，张征. 关于环境政策评估的若干思考[J]. 北京林业大学学报(社会科学版)，2010，9(1)：123-126.

[2] 王金南. 为什么要对环境政策进行评估？[N]. 中国环境报，2007-11-14.

的要求。其次，环境政策评估还具有公众参与的广泛性，与其他公共政策不同，环境问题以人类自身的生存发展为前提，具有最广泛的利益相关者，社会公众对于环境问题所造成的生存危机、健康风险有着最直接的感受，因而具有广泛的公众参与度。

(3) 主要内容

环境政策评估的范围很广，主要包括以下几个方面：第一，环境政策的可行性评估，主要评估环境政策在设计上是否科学合理，在人员分配与分工方面是否合理，目标是否明确可行，是否具有明确的监督与考核机制等；第二，环境政策的效果评估，主要衡量环境政策的推广与施行是否达到了预期目标，将政策执行前后的结果对比，评估政策的目标实现程度；第三，环境政策的效率评估，主要将政策的投入与产出货币化，从而将政策的成本与所带来的效益进行对比分析；除此之外，还有环境政策的实施所带来的包括产业结构调整等在内的经济影响评估，以及包括居民健康水平等在内的社会影响评估[①]。本书评估侧重的是第二个方面，即环境政策实施的效果评估。

2. 环境政策评估的理论基础

(1) 福利经济学理论

20世纪20年代，英国经济学家霍布斯和庇古创立了福利经济学理论，其主要特点之一就是以社会目标和福利理论为依据，制定经济政策方案。环境政策作为公共政策的一种，必然也要围绕社会福利这一主题，致力于解决社会环境问题，维护社会公众的生存条件。此外，通过环境政策评价还可以检验政策的实行是否推动了资源的有效配置，达到福利经济学中的"帕累托最优"。

(2) 外部性理论

萨缪尔森和诺德豪斯定义外部性为："外部性是指那些生产或消费对其他团体强征了不可补偿的成本或给予了无需补偿的收益的情形。"[②]外部性形成的原因在于市场失灵，必须靠政府干预来解决。在生态环境领域，人类的社会经济活动或多或少均会对环境造成一定的影响和破坏，而环境政策的出台则是为了解决这

[①] 王军锋，邱野，关丽斯，等. 中国环境政策与社会经济影响评估——评估内容与评估框架的思考[J]. 未来与发展，2017，41(2)：1-8.

[②] 陈郑洁. 国际环境问题中的外部效应[C]. //中国环境资源法学研究会第一次会员代表大会暨中国环境资源法学研究会2012年年会论文集. 2012：517-520.

种外部不经济问题,通过征收污染税等方式调节人类行为,减少对环境的污染破坏。

(3)价值导向理论

公共政策是要实现一定的价值的,其最终目的是要解决某种社会公共问题,同时也是对于这种问题的解决方案进行回答,这些问题都是由一定的社会利益关系的不平衡所引起的,因而公共政策归根结底是在解决某种社会矛盾。每一项公共政策的颁布实施都有其特定的目的,具有明显的价值导向。环境政策是为了解决人类活动、经济发展与自然资源环境日益突出的矛盾而颁布的,政府通过特定的环境政策,引导和调节人的行为,实现可持续发展、人与自然和谐共处的价值导向。

3. 环境政策评估要素

(1)环境政策评估主体

环境政策评估主体是参与环境政策评估过程的组织或个人,评估主体主导着评估的全过程,其知识结构、技能水平、职业操守等特质对评估结果以及评估的作用都有重要影响。环境政策评估主体主要包括政府机构、非官方的评估机构,以及媒体和公众三类。

政府机构评估主要是内部评估,是由政策的制定和执行者主导进行的评估。由于政策制定和执行者直接参与政策运行的全过程,且资料全面,因而政府机构的评估科学全面,能够发现和解决问题,并直接作用于下一阶段的政策改进。但是另一方面评估者是政策的制定、执行者,评估结论直接与评估者的工作业绩挂钩,因而这种政府评估可能会有隐瞒问题或者夸大政策效益的行为。

非官方评估机构的评估通常是政府委托给第三方机构进行的评估,由于第三方机构并未参与政策运行过程,保持中立立场,因而这种非官方机构的评估通常比较客观。但是这种非官方评估机构的评估可获取的信息和资源支持有限,通常会受困于信息及资源不足,且评估结论的采纳与否仍然由政府内部的政策决策者决定。

环境政策作为一项公共政策,直接关乎社会公众的利益,因而媒体和社会公众参与评估主要反映了社会对于政策的回应满意度。媒体和公众评估的优势在于能够监督政府行为和政策运行过程,起到舆论监督和导向作用,向政策各方施加压力，促使环境政策向预定目标发展，但是相对而言，媒体和公众不够"内行"，缺乏相关知识和技能，因而也有可能被别有用心的环境政策利益方利用，误导社会大众，起到反作用，妨碍政策的推进。

(2) 环境政策评估对象

根据环境政策类型和评估内容，环境政策评估对象大致可分为以下几类。第一，环境保护宏观政策。这类政策主要是阶段性的规划，如《全国生态保护"十三五"规划纲要》《湖北省环境保护"十三五"规划》，此类宏观环境政策的评估主要衡量一定时间段内政策实施后环境的改善效益。第二，环境保护行动计划和重点工程，如大气污染防治行动计划、水污染防治行动计划、土壤污染防治行动计划，以及京津冀环境综合治理、土壤污染治理、地下水污染治理、危险废物和有毒有害化学品的管理等。此类评估主要是针对大气、土壤的某项具体环境政策的评估。第三，环境保护相关制度，如环境影响评价、排污权交易、排污许可证、党政领导干部生态环境损害责任追究等，主要衡量某项具体环境制度的实施情况，或者环境保护相关监督问责制度情况。

(3) 环境政策评估标准

环境政策的评估标准是评估主体对政策进行衡量判断的准则，根据环境政策评估的内容，环境政策评估标准一般有以下几类。

一是效益标准。政策效益标准是指环境政策目标的实现程度，以及政策的实施为社会经济环境带来的影响。政策的目标实现程度能够反映一项政策实施结果与目标之间的距离与偏差，是衡量一项政策是否切实可行有效的重要标志。效益评估应保证环境政策目标明确而具体，对政策绩效进行具体分析，包括政策实施的满意程度，以及政策执行后对社会的影响，综合分析政策实施所带来的环境效益、经济效益与社会效益。

二是效率标准。效率标准是政策投入与效益之间的比率，即环境政策成本和收益的比率。效率标准通常表现为单位成本所产生的最大价值或者单位价值所需要的最小成本，具体以环境政策人、财、物的投入量和产出效益为考量。在对各项政策投入产出进行预估的基础上，选取效率最高的政策方案，或者分析某项环境政策的投入产出，以判断政策产出是否大于投入。此外，该项标准的确定需参考以往经验和国际标准，根据环境政策投入的技术、资金、设备等具体情况制定该项标准。

三是公平性标准。公平性标准指与一项政策有关的社会资源、利益及成本在相关利益群体中分配的公平程度。一项好的环境政策不应该只有高效益和高效率，还应兼具公平性，只有建立在公平基础上的效率才是真正的高效率。这点对于环境政策而言尤为重要，因为环境是人类生存和发展的基础，环境政策不能为部分人的发展而牺牲其他人的环境权益，事实上就是保证生存权和发展权的公平。环境政策的实施应兼顾不同群体的承受能力和具体情况，使政策的成本承担群体和受益群体都能够从中获益，同时考虑环境政策公平问题也是为了长远的环境目标的实现和保持。

除此之外，环境政策的回应度、公众参与度等也可作为评估标准，因为环境政策最终是面向社会公众并作用于社会经济环境的，因而社会公众的参与程度以及社会公众对于政策的回应满意度也是考核评估的重要准绳。

(4) 环境政策评估程序

环境政策评估主要包括两大方面，即信息搜集汇总和分析评估。其中信息汇总涵盖环境政策从设计制定到执行及其结果的各项信息，包括政策预期目标，政策执行的效能、效率和效益，此外还包括政策制定和执行人员的主观态度、社会公众和媒体对政策的评价及政策实施的满意度等定性信息；而分析评估则包括评估方法和标准的确定，以及政策建议的提出。因而环境政策评估是一项系统、繁琐的工作，需要逐步进行。一般而言，正式的环境政策评估可以分为四个阶段。首先是准备阶段，主要工作包括确定评估主体与对象、选取科学指标、搜集指标数据、建立评价指标体系、选取适宜的评估方法、制定具体评估方案。准备阶段的工作十分重要，是保障评估工作得以顺利进行的前提。其次是具体的评估实施阶段，包括政策描述、政策方案识别、分析范围界定。其中，政策描述主要分析政策实施的背景和目标；政策方案识别主要是为了从预选的不同方案中选取最佳的实施方案，或者确定方案实施后的真正效果；分析范围界定包括识别环境政策对社会经济系统的影响，选择衡量环境质量改善程度、社会经济影响及政策成本的关键指标，此外还要界定政策方案的空间和时间范围。再次是撰写评估报告，以书面的形式撰写报告，指出政策的问题并提出建议，为相关部门提供决策支持。最后是审定与完善阶段，对评估报告进行全面审查，并修改完善。

(5)环境政策评估方法

环境政策建立在环境学、政策学、社会学、人口学等众多学科基础之上,是一门交叉科学,其评估方法也具有多样性,根据评估过程所应用到的理论,大致可以分为以下几种。

一是社会学评估方法。环境政策作为公共政策的一种,是以人为中心服务于整个公共社会的,在环境政策评估中引入社会学的研究方法也是十分必要的。常用的社会学评估方法包括以下几种。第一,目标评估方法,其中具有代表性的评估方法包括评估目标是否符合SMART原则的SMART分析,以及通过前后对比以发现问题或总结经验的目标与现实差异对比分析。第二,利益相关者分析方法。这种方法为政策评估提供了一个新的视角,促使政策的制定与执行一方面能够最大限度地回应公民诉求,另一方面也能促进媒体、社会公众的广泛关注与参与,获得信息反馈,从而促进政策制定与执行更加公平、民主、科学。主要的利益相关者包括环境政策直接作用的调试对象,环境政策的制定者、执行者、评估者、受益者、受损者,以及对环境政策感兴趣的组织或个人。第三,SWOT分析,即优势、劣势、机遇、风险分析。通过对政策颁布的社会、自然环境和条件及已有的经验和内外部现存的资源进行分析,判断这项环境政策的实施是否有助于对抗其劣势和外部风险,从而从根本上改善环境质量。第四,执行力评估方法,衡量政策是否得到有效落实,主要是环境政策执行过程评估。黄卉将执行力分解为人力、财力、组织力、资源力、技术力、理解力、信息力、监控力、创新力九个方面,从而进行细致的执行力评估。

二是经济学评估方法。环境政策的实施需要经济投入,其执行又与社会经济息息相关,引入经济学的理论与方法,将环境政策的投入与生态环境效益产出货币化,也是常用的一种评估方法。成本-效益分析方法是一种常用的环境经济评估方法,其最早由美国应用于公共项目,后在欧盟地区也得到了广泛应用。这种评估方法,通过各种方法对环境政策实际运行产生的成本和生态、环境效益进行核算,以判断政策是否取得一定收益,选择投入产出比最高的政策方案。主要的货币化方法有消费者剩余法、房地产价值法、影子价格法等。

三是数学评估方法。将数学分析或者数学模型引入环境政策评估,是一种常见的量化评估方法,其中比较成熟的是模糊综合评价法和层次分析法。模糊数学以"模糊集合"论为基础,提供了一种处理不肯定性和不精确性问题的新方法,作为一门新兴学科，初步应用于模糊控制、模糊决策、医学、生物学等各个方面。查德教授创立了隶属度的概念来描述边界模糊的事物的性状，将模糊评价方法用于环境政策评价可以综合考虑环境政策的众多因素，根据各因素的重要程度和评价结果将原来的定性评价定量化，较好地处理环境政策多因素、模糊性及主观判断等问题，确定政策实施后所处水平。层次分析法是多目标评价的方法之一，该方法的决策问题按目标层、准则层、指标层等分解为不同层次的结构，然后求出各指标对总目标的权重，采用1~9标度法进行权重分析等级，求出特征值并进行一致性检验。此外，模糊综合评价与层次分析法还可综合使用。

上述环境政策评估方法并非在每项环境政策评估活动中都要涉及，而应选择适当的评估方法实现评估目的，进行环境政策评估方法选择时一般应注意以下原则。①根据评估目的进行选择。每种评估方法都有其重点和适用条件，应选择能够满足评估目的的方法。②根据技术水平和资金预算进行选择。政府对政策的记录、统计并不能满足很多评估方法的信息需求，需要掌握第一手资料和数据，如执行力评估方法、模糊评价法都需要从大量问卷中获取环境政策的相关信息，有些还需要对利益相关者进行实地走访调查，成本较高，且在问卷分析和评估技巧方面要求较高，非职业评估人员的技能水平有可能阻碍评估活动的进行，必要时对相关人员进行培训，增加评估成本，因此环境政策评估方法选择要考虑技术和资金因素。③根据评估活动中涉及的非职业评估人员的群体特征进行选择，如生态保护和建设政策评估，依赖于农村社区的参与，而目前农村经济仍存在部分自给的经济形式，在评估中要获取准确的数字信息是不现实的，因此要选择适当的定性评估方法，同时一些需要问卷调查的评估方法也应尽量避免。④根据可收集资料的完备程度进行选择。由于我国的环境政策评估并未像制定和执行那样已形成了一整套体制和模式，还处于起步阶段，在制定和执行时没有考虑或不完全考虑后期评估所需资料的收集和整理，因此在评估时常常出现资料信息不足的情况，这时要根据所掌握的信息资料进行评估方法的选择。

4. 环境政策评估的意义

环境政策评估有利于发现解决政策制定和运行中的问题，为下一阶段政策的制定提供改进建议，增强政策的效益和效率，其意义主要体现在以下几方面。

一是检验政策效果，完善环境政策的设计和执行。通过环境政策评估，一方面能够检验政策的实施效果，判断政策的实施是否达到预期目标，环境问题是否得到缓解或解决,发现政策的实施在哪些方面取得了较好的成效、哪些方面效果不甚理想,判断政策是否需要进行调整,应该从哪些方面着重进行调整,推动政策的调整完善;另一方面,也可以与行政问责相结合,发现政策执行过程中的各种问题,推进政策的严格贯彻落实。

二是促进资源的合理利用和配置。环境政策评估将政策执行的经济成本与执行后所带来的效益进行对比,对政策的效益水平进行评估,从而辨别资源的配置是否合理,使得行政主体将有限的人力、物力、财力投入效益更高、设计更完善的政策方案,减少资源的重复浪费,促进资源合理利用和有效配置。

三是促进政府决策的科学化、民主化。一方面,评估是发现并解决问题的过程,通过评估能够检验环境政策实施的具体效果如何,出现了哪些问题,总结经验教训,从而为下一阶段的政策决策提供科学支撑,促进决策的科学化;另一方面,在环境政策评估过程中,通过社会调查等方式可以了解作为直接利益相关者的广大社会公众对于政策的满意度,鼓励广大群众为环境问题献言献策并参与监督,此外通过公开评估结果,也有利于促进环境信息对称和政策的透明化,促进决策民主化。

第二节　数据与方法

一、指标体系构建

本书根据科学原则和模型选取适宜指标,并构建长江经济带水环境政策评估指标体系。其中,主要指标及数据大多来源于政府文件公开的官方数据,主要包括长江经济带各省市"十二五"环境保护规划、2015年水资源公报以及各地环境状况、环境质量公报等。

(一)指标选取原则

指标的选择是进行水环境绩效评估的基础和关键,因而水环境保护政策评价指标体系的建立需综合考虑多方面因素,遵循以下原则。

①系统化原则。水环境绩效评估指标体系是一个复杂的结构体系,其评价也涉及自然状况和社会经济发展等方方面面,要在统筹兼顾的基础上,选取具有代

表性的适量指标全面反映水环境政策执行的效果,在此基础上形成一个完备的指标体系。

②科学性原则。指标体系的设计应以科学理论为基础,有科学的理论依据,明确每项指标的科学内涵,避免主观臆断,在科学分析的基础上,确立各项指标或指标系数的权重,此外还应有准确科学的数据信息来源和测算方法,使得最终的指标体系逻辑严谨、准确合理,能够客观真实地反映政策实施效果,从而能够更好地发现问题,指导实践。

③可操作性原则。一方面,考虑数据的来源和获取途径,指标的来源必须真实可靠,尽可能取自统计年鉴、政府文件等权威资料;另一方面,选取的指标应具有代表性,指标体系尽可能简化,避免过于繁杂。此外,指标数据还应便于收集核算,并且适用于动态性的评估监测。

(二)指标体系的构建

本书选取 PSR(pressure-state-response)模型,通过分析人类活动与环境之间的因果联系,建立评价指标体系。PSR 最初是由加拿大统计学家 David J. Rapport 和 Tony Friend 提出,后由经济合作与发展组织(OECD)和联合国环境规划署(UNEP)于 20 世纪八九十年代用于研究环境问题的框架体系。该模型在环境评价方面得到了广泛应用,能够全面反映和揭示人类活动与环境之间的关系。在深入分析的基础上,本书选取污染排放强度、水质改善效果、资源利用和污染减排效率三个二级指标,分别与压力、状态、响应相对应建立评价指标体系。

对于污染排放强度指标,本书从废水排放和污染物排放两个方面考虑,鉴于长江经济带各省市人口、经济发展程度等情况均不一样,因而本书不直接采用总量指标,而选取 2015 年废水排放和污染物排放总量相对于"十一五"末期 2010 年的削减率作为具体指标,以反映污染排放强度总量削减情况。由于工业废水是造成水体污染的主要来源,也是减排和处理的主要指标,因而将工业废水排放总量削减率作为废水排放指标,同时,考虑到化学需氧量和氨氮是主要的水体污染物,并被纳入各省环境保护规划纲要作为主要考核指标,因而选取化学需氧量和氨氮的排放总量削减率作为污染排放指标。对于水质改善效果指标,本书从饮用水源地、河流、湖库水质三个方面考虑,选取重点城市集中饮用水源地水质达标率,以及河流、湖泊水质符合Ⅲ类水质达标率进行评估。在资源利用和污染减排效率上,本书从用水效率、污染减排效率两方面出发,以单位 GDP 用水总量衡量用水效率,以单位 GDP 化学需氧量、氨氮、废水排放总量衡量污染减排效率,最终确定长江经济带"十二五"期间水环境政策评估指标体系(表7-1)。表7-1 中,指标体系中各项指标目标值的选择多来源于各地的最优水平,而没有选用《国家节水型社会建设"十二五"规划》《国家级生态县、生态市、生态省建设指标(修订稿)》等国家相关环境规划标准,主要是考虑到长江经济许多省市尤其是江、浙、沪三地相关指标均已超过国家标准,因而我们在各省市中分别选取各项指标最优值作为指标目标值。

表7-1 水环境绩效评估指标体系

一级指标	二级指标	三级指标	四级指标	目标值	单位	目标值确定依据
水环境保护	污染排放强度 A	废水排放总量 A1	工业废水排放总量削减率 A11	32.20	%	最优水平
		污染物排放总量 A2	化学需氧量排放总量削减率 A21	25.15	%	最优水平
			氨氮排放总量削减率 A22	18.4	%	最优水平
	水质改善效果 B	饮用水源地水质 B1	重点城市集中饮用水源地水质达标率 B11	100	%	"十二五"环保规划
		河流水质 B2	河流水质符合Ⅲ类水质达标率 B21	100	%	理想状态
		湖库水质 B3	湖库水质符合Ⅲ类水质达标率 B31	100	%	理想状态
	资源利用和污染减排效率 C	用水效率 C1	单位 GDP 用水总量 C11	30.7	t/万元	最优水平
		污染减排效率 C2	单位 GDP 废水排放量 C21	8.86	t/万元	最优水平
			单位 GDP 化学需氧量排放量 C22	0.8	kg/万元	最优水平
			单位 GDP 氨氮排放量 C23	4.25	kg/万元	最优水平

(三)指标权重的确定

为了减少人为主观因素的影响,本书选取客观方法对权重进行赋值,由于熵权法计算简单,且能够反映指标的变异程度,因而选取熵权法确定指标权重。在计算熵值的过程中需要取对数,要求所有数值必须大于 0,而数据标准化后会产生结果为 0 的极值,本书在标准化基础上将所有指标数值向后平移 1 个单位,以保证数值的有效性①。根据熵值法求权重,通过步骤计算而得具体权重,见表 7-2。

表 7-2 指标体系权重

二级指标	二级指标权重(%)	三级指标	三级指标权重(%)	四级指标	四级指标权重(%)
污染排放强度 A	40.4	废水排放总量 A1	4.30	工业废水排放总量削减率 A11	4.30
		污染物排放总量 A2	36.10	化学需氧量排放总量削减率 A21	18.62
				氨氮排放总量削减率 A22	17.48
水质改善效果 B	18.4	饮用水源地水质 B1	6.37	重点城市集中饮用水源地水质达标率 B11	6.37
		河流水质 B2	4.83	河流水质符合Ⅲ类水质达标率 B21	4.83
		湖库水质 B3	7.2	湖库水质符合Ⅲ类水质达标率 B31	7.2
资源利用和污染减排效率 C	41.2	用水效率 C1	7.87	单位 GDP 用水总量 C11	7.87
		污染减排效率 C2	33.33	单位 GDP 废水排放量 C21	8.00
				单位 GDP 化学需氧量排放量 C22	14.93
				单位 GDP 氨氮排放量 C23	10.40

---

① 黄国庆,王明绪,王国良. 效能评估中的改进熵值法赋权研究[J]. 计算机工程与应用,2012,48(28):245-248.

二、数据来源

本书的基础数据主要来源于以下几个方面：第一，各省市"十二五"环境保护规划，如《四川省"十二五"生态建设和环境保护规划》；第二，各地 2015 年水资源公报，如 2015 年《安徽水资源公报》；第三，各地环境状况、环境质量公报，如《2015 年四川省环境状况公报》《2015 年重庆市环境质量简报》等；第四，EPS 全球统计数据/分析平台的环境数据库，可以获得其他相关信息作为前面三者的补充。通过数据收集，得到各省份四级指标的原始数据，见表 7-3。

表 7-3　原始数据

省份	A11	A21	A22	B11	B21	B31	C11	C21	C22	C23
重庆	21.37	12.16	10.54	100.00	83.20	85.50	50.26	9.53	2.42	0.32
四川	23.34	11.6	9.75	99.30	61.30	66.70	88.20	11.35	3.94	0.44
贵州	-107.09	8.53	9.68	100.00	89.40	80.00	92.83	10.74	3.03	0.35
云南	-48.17	9.52	9.5	100.00	78.30	85.00	109.42	12.64	3.72	0.40
江西	-5.40	8.58	10.48	99.40	86.20	44.00	146.98	13.35	4.28	0.51
湖北	14.56	12.27	14	100.00	84.20	74.20	100.47	10.62	3.34	0.39
湖南	19.58	9.94	10.86	97.30	98.00	18.60	113.75	10.81	4.16	0.52
上海	-27.79	25.15	18.4	93.40	14.70	14.70	30.70	8.98	0.80	0.17
江苏	21.19	17.62	14.58	99.90	36.70	81.20	65.69	8.86	1.50	0.20
浙江	32.20	18.82	16.91	92.80	72.90	81.30	43.39	10.12	1.59	0.23
安徽	-0.56	10.5	13.6	97.80	81.80	96.20	131.19	12.75	3.96	0.44

三、评价结果

在对表 7-3 中的数据进行标准化处理，并且确定指标的权重之后，采用加权法计算得出长江经济带各省市水环境政策实施效果评价结果，见表 7-4。

表 7-4 各省市水环境政策实施效果评价结果

省份	污染排放强度		水质改善效果		资源利用和污染减排效率		综合效果	
	评分	排名	评分	排名	评分	排名	评分	排名
重庆	10.08	6	16.64	1	27.33	4	54.05	4
四川	7.96	8	13.12	7	11.48	7	32.56	8
贵州	0.35	11	16.52	2	18.83	5	35.70	6
云南	2.93	10	16.31	3	9.78	8	29.02	9
江西	5.12	9	12.62	8	0.43	11	18.17	11
湖北	16.78	4	15.70	4	16.02	6	48.51	5
湖南	8.16	7	11.54	9	7.29	9	26.99	10
上海	38.55	1	0.53	11	40.99	1	80.07	1
江苏	24.12	3	13.45	6	35.02	2	72.59	3
浙江	30.38	2	9.30	10	32.93	3	72.61	2
安徽	13.55	5	15.56	5	5.89	10	35.00	7

第三节 长江经济带的水环境保护政策实施效果分析

一、压力层——污染排放强度

从污染排放总量强度的削减情况来看,"十二五"期间长江经济带各省市污染物排放总量强度均有所下降,其中下游经济发达的东部江浙沪地区污染排放强度削减最大,与其他地区相比具有明显的进步。就 COD 排放总量而言,上海、江苏、浙江三地 2015 年排放总量比 2010 年分别减少了 25.15%、17.62%、18.82%,氨氮排放量分别减少了 18.4%、14.58%、16.91%,是 11 个省市中减排幅度最大的三省市;从上游地区西部四省市来看,重庆和四川排放总量强度削减情况处于中等偏下水平,而贵州和云南各方面均垫底;中部四个省份在长江经济带中基本处于中间水平,其中湖北省和安徽省排放强度削减率仅次于江、浙、沪三地，取得了不错的效益，江西和湖南则稍逊。

产生这种结果的原因可能有以下几点。首先，上海、浙江、江苏等地经济发达，排放总量大，减排任务重，并且在近几年采取了多项措施严格控制污染物排放。以浙江省为例，截至2015年底，浙江省针对铅蓄电池、化工、电镀、制革、印染等六大重污染行业进行整治，纳入整治范围的企业共5740家，其中关停2250家，搬迁和原地提升3490家，可见其整治力度之大。其次，经济欠发达的西部云南、贵州等地环境污染程度较低，污染物排放总量相对少，因此减排空间也相对较小。以云、贵两省为例，其氨氮和工业废水排放总量在11个省市中位于倒数，减排空间不大，因而与其他地区相比减排幅度较小。

二、状态层——水质改善效益

从水质状况来看，上游地区西部的重庆、贵州、云南三地水质明显较好，水源地、湖泊、河流水质达标率均普遍较高，相较之下，四川省水质改善效益则不尽如意，湖库和河流水质达标率仅为66.7%%、62.0%，四川省五大水系中的岷江和沱江干流断面达标率仅为46.2%和13.3%，受总磷、生化需氧量和氨氮污染严重；中部四省总体处于中等水平，其中安徽和湖北相较之下水质较好，而江西和湖南水体尤其是湖泊污染较为严重，两地湖库水质达标率分别为44%和18.6%，鄱阳湖、洞庭湖等主要湖体污染严重，其中鄱阳湖点位水质达标率17.6%，而洞庭湖湖体12个监测断面中，Ⅳ类水质断面占10个，Ⅴ类水质断面2个，受总磷、化学需氧量和五日生化需氧量污染严重；而位于下游地区的东部三省市，除了江苏排名中游，上海和浙江分列倒数第一、第二，其中上海市和浙江重点城市集中饮用水源水质达标率分别为93.4%、92.8%，在长江经济带所有省市中最低，而上海河流断面水质达标率仅为14.7%，主要污染物为氨氮和总磷。

总体来看，上海、浙江等东部地区由于经济发达、人口稠密，污染物排放总量、负荷较高，并且位于长江下游地区，又受上游地区排污的影响，污染负荷进一步加大，因而饮用水水源地达标率较低，整体水质较差，但是同样位于下游地区的江苏省在2015年积极开展集中式饮用水源地达标建设，完成90个县城以上建设任务，开展水源地保护和建设评估并发布饮用水源地名录35个，饮用水源地水质达标率和总体水质效益高于东部其他两地；上游的西部地区，由于经济欠发达排污量较小，且位于长江上游地区，水体受污染程度较小，因而水质较好，但是同样位于上游地区的四川省，由于长期以来沱江、岷江流域沿岸工业、人口和城市密集，污染负荷较大，造成流域水质断面达标率普遍很低，短期内难以扭转这种严重污染局面，从而相对于上游地区其他省市而言水质改善效益较差。

三、响应层——资源利用和污染减排效率

从水资源利用效率和污染物排放效率来看，位于下游东部经济发达地区的江、浙、沪效率最高，三地严格控制用水总量和效率，在实行最严格水资源管理制度国家考核中多次被评为优秀；西部四省市则均处于中间地位，而中部地区除湖北省外其他三地均垫底。总体来看，就万元GDP用水量而言，用水效率最高的上海为 $30.70 m^3$/万元，而江西则以 $146.98 m^3$/万元排名最后，可见差异之大。

造成这种差异的主要原因可能有以下几个方面：第一，东部地区虽然资源消耗和污染负荷较大，但其经济化水平较高，且产业结构较优，经济发展方式已经在向集约型转变，因而与中西部地区相比，单位GDP的资源消耗和污染物排放较小；第二，东部地区制定了严格的标准、政策、措施推进水资源的节约与保护，以江苏省为例，江苏全面推进《江苏省节约用水条例》立法工作，实施全省工业、服务业和城市生活用水限额，并修订《江苏省节水型社会建设规划纲要》，推进节水型载体建设，取得了较好的成效；第三，中部地区的湖北省在"十二五"期间推进加快实施最严格水资源管理制度试点建设，着力提高用水效率与污染减排效率，在中部省份中起到了示范带头作用；第四，相对于西部地区，中部地区水资源丰沛，且人口密度相对东部地区而言压力较小，因而面临的水资源压力较小，可能导致中部地区节水意识普遍不强，造成农业用水灌溉效率和工业循环用水率低，耗水量大，居民生活用水浪费严重，而另一方面中部地区污染物排放量普遍高于西部地区，而经济发展水平又与东部地区存在较大差距，造成其综合效率不高。

四、综合评价结果

对各项指标进行加权后可以求出总评分(图7-1)，可以看出长江经济带各省

市水环境保护政策实施效果得分存在较大差异。从空间分布上来看，下游地区的上海、江苏、浙江等东部地区水环境保护效益突出，总体评分均超过70，尤其是上海市，更是达到了80.07；上游地区的西部四省市在长江经济带中总体绩效处于中等水平，其中重庆市总体得分仅次于江、浙、沪三地，在各方面均取得了不错的效益；而中部地区四省份的整体绩效不甚理想，尤其是江西、湖南两省，各方面得分均处于中等以下水平，分别以18.17和26.99位列倒数第一、第二，而湖北省和安徽省虽位列第5、第7名，但与东部三地甚至西部的重庆市均存在明显差异。总体来看，该评价结果与全国最严格水资源管理制度考核结果有一定的吻合之处，2014年包括上海、江苏、浙江在内的五个省市在考核中被评为优秀，2016年国务院也对"十二五"时期表现优异的山东、江苏、浙江、重庆、上海五地给予了通报表扬，说明本书的评价结果具有一定的科学性，上海、浙江、江苏以及重庆等地的水环境保护工作经验对于长江经济带其他省市而言具有一定的带头示范作用和参考价值。

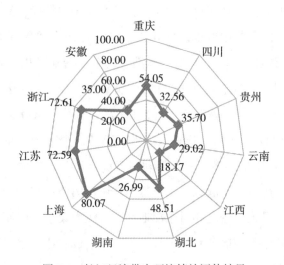

图7-1 长江经济带水环境绩效评估结果

第八章 研究结论与对策建议

第一节 研究结论

在水环境制约的条件下实现经济绿色发展是长江经济带发展过程中的必然选择。本书通过界定绿色经济与绿色发展的理论，辨析绿色经济与循环经济、低碳经济及生态经济的内涵，对比绿色发展与可持续发展的发展理念；探讨了不同发展背景下国内经济绿色发展的重要举措；总结了欧洲、美国及日本等组织及政府绿色发展理论的研究现状及绿色发展道路探索的政策经验，并给出了国外政策经验对我国的政策启示；在定位了绿色发展现状评价目标之后，构建了绿色发展指数指标体系，并分析了长江经济带各省市目前的绿色发展现状；基于以往对绿色发展与水资源承载的研究，明确了本书中绿色发展潜力的内涵，构建了绿色发展潜力评价指标体系，并对长江经济带各省市的绿色发展潜力进行了比较分析；构建了基于突变理论的省域尺度水环境安全评价模型，对长江经济带11省市开展水环境安全评价与分级研究；在结合统计数据定性分析长江经济带水资源现状的基础上，通过水资源人口承载力指数定量评价了2011—2016年长江经济带各省市水资源能够承载的社会经济水平；分析了长江经济带经济发展与水资源利用的关系，运用DEA方法定量分析了长江经济带2011—2015年各省市经济发展的水资源利用效率；构建了基于压力-状态-响应(PSR)模型的水环境政策实施效果评价指标体系，评估了长江经济带各省市的水环境保护政策实施效果。最后，以期在理论上拓展和丰富绿色发展潜力的研究内容，在实践上为加强长江经济带绿色发展中的水环境管理提供理论依据和决策参考。本书得出的主要结论包括以下几点。

一、长江经济带整体水环境安全风险度较高

长江经济带11省市水环境安全都不理想，呈现不同程度的风险警示。江西、

浙江两省的水环境安全处于Ⅲ级预警类别，上海、江苏两省处于Ⅴ级重警类别，其余七省处于Ⅳ中警类别。从压力指数上看，长江经济带 11 省市中贵州、云南两省压力指数处于Ⅱ级较好类别，其余九省呈现不同程度的风险警示。其中四川、重庆、安徽、江西、浙江五省的压力指数处于Ⅲ级预警类别，湖北、湖南、江苏、上海四省市处于Ⅳ中警类别。从状态指数上看，长江经济带 11 省市均不理想，呈现不同程度的风险警示。浙江、江西、湖南三省的状态指数处于Ⅲ级预警类别，四川、云南、湖北、贵州、重庆、安徽六省处于Ⅳ中警类别，上海、江苏两省处于Ⅴ级重警类别。从响应指数上看，长江经济带 11 省市均不理想，呈现不同程度的风险警示。江苏、浙江、贵州三省的响应指数处于Ⅲ级预警类别，其余省市全部处于Ⅳ中警类别，整体而言，长江经济带的响应指数安全度都不理想。

二、长江经济带部分地区水资源承载力趋于上限

考虑到跨流域调水因素后，以长江经济带各省市水资源能够承载的人口规模反映其水资源能承载的社会经济的规模，最终得到长江经济带各省市水资源人口承载指数从大到小排序依次为：江苏、湖南、四川、浙江、湖北、安徽、江西、上海、云南、重庆、贵州。江苏、浙江、四川、湖北、上海、重庆等地现有的社会经济规模合适，当地可供给水资源在支撑其社会经济水平达到富裕程度的同时还有盈余；湖南、江西、贵州等地水资源仅能支撑当地现有社会经济发展达到小康水平；而安徽及云南的水资源供给则刚好使当地的社会经济规模达到温饱水平，甚至接近当地水资源承载力的上限。

由于本书中水资源人口承载力的计算是以区域可供给水资源作为水资源量进行计算，跨区域调水虽然能够提高某些地区的可用水资源量，但对被调水地区的水资源及水生态都存在一定的负面影响，在评价水资源对于社会经济及人口的承载力时，跨区域的调水量可能造成对区域水资源承载力评价的不确定性。因此，对于多地区的水资源承载力的比较研究还有待进一步深入。

三、长江经济带水资源的整体利用效率偏低

长江经济带一产水资源利用平均综合效率达到有效的有重庆和云南，总体来看，上游省市的一产水资源利用效率最优，下游省市其次，中游省市效率最低。二产水资源利用平均综合效率达到有效的有上海、浙江、四川，总体来看，下游

省市的二产水资源利用效率最优，下游省市其次，中游省市效率最低。三产水资源平均综合利用效率仅上海达到有效，上游省市的三产水资源利用效率最优，中下游省市的三产水资源利用效率都不高，尤其是中游省市效率最低。综合三个产业及综合水资源利用效率的分析结果，长江经济带各省市均存在水资源利用效率无效的状况，整体水资源利用效率堪忧，尤其是中游省市，三个产业的水资源利用效率均最低，应引起重视。从长江经济带三个产业的水资源利用效率比较来看，二产水资源利用效率最优，一产水资源利用效率其次，三产水资源利用效率最低，在严抓工业、建筑业等二产的水资源利用与污染状况的同时，同时也要关注一产与三产的用水排污情况。

第二节 对策建议

一、完善法律法规体系，建立水环境评价机制

（一）完善水环境管理的法律法规，落实各方责任

水资源是长江经济带发展的限制性因素，水资源安全直接关系长江经济带的经济发展和社会稳定。保证长江经济带水环境安全，要以《长江保护法》为引领，进一步完善基本法和部门法，鼓励地方因地制宜进行立法探索，形成一整套完善的长江经济带水环境安全保护法律法规体系。在完善长江经济带水环境安全保护法律法规的基础上，还要积极落实各方主体的责任，加强工作监督。国家层面要对长江干流和重要支流源头实行严格保护，设立国家公园等自然保护地，保护国家生态安全屏障，国家有关部门要逐步建立健全长江流域水环境质量和污染物排放、生态环境修复、水资源节约集约利用、生态流量等标准体系，组织实施取用水总量控制和消耗强度控制管理制度。长江地方流域各级人民政府应当落实本行政区域的水环境安全保护和修复责任，保障饮用水安全、地下水安全，优化产业结构和产业布局，对于江苏、上海这两个水环境安全处于重警类别的省市，要禁止布局对长江流域水环境有严重影响的产业，抓紧整改现有的高耗水、高污染产业。

(二)建立健全水环境评价机制

国务院有关部门应当同长江经济带县级以上地方人民政府,在已有台站和监测项目的基础上,进一步健全长江流域的水环境监测网络体系和监测信息共享机制,组织完善水环境风险报告和预警机制,定期对长江流域水环境安全情况进行评价,并将评价结果向社会公布,接受社会监督。建立起长江流域水环境保护的法律法规评价机制,根据长江经济带生态保护和经济发展的变化和不同时期的需要,及时做出相应的调整。

二、调整产业结构、优化产业经济布局

从水资源对长江经济带发展的承载力来看,部分地区已接近水资源承载力上限,部分地区水资源支撑其社会经济发展还有盈余,总体呈现不均衡的情况。安徽、云南两省的水资源刚好支撑社会经济发展达到温饱水平,湖南、江西、贵州三省水资源仅能支撑社会经济发展达到小康水平,这些省的各级政府应该积极主动地调整区域内的产业结构并进行产业转型升级,重点实现制造业服务化转型,增加制造附加值,对于制造业企业而言,要增加对技术研发和市场营销的投入,实现去制造化向产业链两端发展。面对整个长江经济带水资源承载力不均衡的情况,可以通过推动产业区域转移来改善长江经济带地区产业布局过度集中、同质化严重而导致的主要环境污染物超标的问题,实现资源地和产业区之间的资源共享和优势互补。在产业转移的过程中,要严禁重污染企业和项目向长江中上游地区转移。从制度和政策上调整用水结构,提高居民节水意识,从水量上遏制需水的过快增长,不断提高城市的水资源承载能力。同时加大科技投入,开发研究节水技术,从而提高水资源的利用效率。

三、增强技术创新驱动,加大水环境保护宣传

(一)增强技术创新驱动,重视人才培养

长江经济带整体的水资源利用效率不高,尤其是中游地区,一、二、三产业的水资源利用效率都不理想,应当引起重视。技术创新和技术驱动是实现水资源

利用效率的最优手段。长江流域县级以上地方人民政府应当推动钢铁、石油、化工、有色金属、建材、船舶等产业升级改造,提升技术装备水平;推动造纸、制革、电镀、印染、有色金属、农药、氮肥、焦化、原料药制造等企业实施清洁化改造。企业应当通过技术创新减少资源消耗和污染物排放。逐步取缔高耗水量、高污染、低产出的产业,如对那些不符合生态保护要求的小水电工程,各级人民政府应组织分类整改或逐步退出。人力资本是推动技术创新和技术进步的关键因素,长江经济带水资源的高效开发和利用离不开高质量人才的培养和引进,要培养水资源利用技术研发、水环境管理的人才,同时完善各大科研机构与高等院校的水环境管理有关学科建设。在具体实践中,强化长江经济带各省市水环境管理的人力资源开发合作,消除限制、疏通渠道,加强相关人力资源的跨地区开发利用与合理配置。

(二) 加大水环境保护宣传,吸引社会资源投入

长江经济带县级以上人民政府应当加强对保护长江水环境、水资源的宣传工作,鼓励单位和个人参与长江流域水环境保护和修复、水资源合理利用、促进长江流域绿色发展的活动,对在长江水环境保护工作中表现突出的单位和个人,按照有关规定进行表彰和奖励,还要发挥社会公众对政府和有关部门对长江保护工作的监督职能,依法举报和控告破坏长江流域水环境等违法行为。通过资金补贴、电价优惠、税收优惠等政策措施,鼓励社会资本投入长江经济带水环境保护和修复,支持有关水环境保护和修复等方面的科学技术研究开发和推广应用。

第三节 后续研究展望

一、中国绿色发展评估政府管理体制构建研究

我国经济绿色发展评估正处于起步阶段,目前还没有建立规范统一的统计评估体系,直接影响到政府对当前经济绿色发展形势的科学研判。完善的绿色发展政府管理体制可以筛选出影响绿色经济增长的主要因素,从关键因素出发,不仅

可以真实了解目前经济绿色发展状况，还有助于制定合乎自身特色的发展规划，有助于推进环境管理体制改革和生态文明建设。

二、经济绿色发展政策效应评估与优化研究

经济绿色发展政策效应评估是指在掌握充分信息的条件下，对政策实施的影响、效果进行分析与评估，确定政策执行结果与制定目标之间的切合程度，从而考察相关政策的价值与作用。根据经济绿色发展相关政策效应评估的时间划分，可将其分为事前评估、事中评估与事后评估。开展经济绿色发展相关的政策效应评估与优化研究，可以重点考察经济发展的产业布局政策对于区域经济结构、区域产业结构绿色发展的影响，并对我国经济绿色发展相关政策的目标瞄准进行深刻反思，并评估其政策偏差程度，进而提出政策优化方案。

三、中国"2010—2025"三个五年时期经济绿色发展纵向比较研究

我国目前关于经济绿色发展的评价研究多聚焦于一个发展时期不同地域间的横向比较，或者以年为单位，研究经济绿色发展的趋势，忽视了从更宏观层面的不同重要发展时期的政策背景出发，对经济绿色发展进行不同阶段的纵向比较。经济绿色发展政策的宏观调控是经济绿色发展的前进方向，从纵向比较的角度出发，对我国"2010—2025"三个五年时期经济的绿色发展进行纵向比较研究，不仅可以清晰把握经济绿色发展的脉络，同时能够梳理政策的变化对经济绿色发展的影响，有利于寻找正确的政策变化方向，制定实施效果更好的政策。

参考文献

[1] Kenneth E Boulding, Henry Jarrett. In Environmental Quality in a Growing Economy: Essays from the Sixth RFF Forum[M]. Washington: Johns Hopkins University Press, 1966.

[2] William J, Wallace E. The Theory of Environmental Policy 1988[M]. Cambridge: Cambridge University Press, 1988.

[3] Norgaard Richard B. Economic Indicators of Resource Scarcity: A Critical Essay[J]. Journal of Environmental Economics and Management, 1990, 19(1).

[4] 任希珍. 生态优先绿色发展为导向的高质量发展研究[J]. 中国产经, 2021(7): 135-136.

[5] 孙秋鹏. 经济高质量发展对环境保护和生态文明建设的推动作用[J]. 当代经济管理, 2019, 41(11): 9-14.

[6] 牢牢把握高质量发展这个根本要求[N]. 人民日报, 2017-12-21.

[7] 樊杰, 王亚飞, 陈东, 周成虎. 长江经济带国土空间开发结构解析[J]. 地理科学进展, 2015, 34(11): 1336-1344.

[8] 徐新霞. 2017年宁夏将缺水近10亿立方米, 节水迫在眉睫[N]. 环球网, 2016-5-28.

[9] 李焕, 黄贤金, 金雨泽, 张鑫. 长江经济带水资源人口承载力研究[J]. 经济地理, 2017, 37(1): 181-186.

[10] 汪克亮, 刘悦, 史利娟, 刘蕾, 孟祥瑞, 杨宝臣. 长江经济带工业绿色水资源效率的时空分异与影响因素——基于EBM-Tobit模型的两阶段分析[J]. 资源科学, 2017, 39(8): 1522-1534.

[11] 卢曦, 许长新. 长江经济带水资源利用的动态效率及绝对β收敛研究——

基于三阶段 DEA-Malmquist 指数法[J]. 长江流域资源与环境, 2017, 26(9): 1351-1358.

[12] 张玮, 刘宇. 长江经济带绿色水资源利用效率评价——基于 EBM 模型[J]. 华东经济管理, 2018, 32(3): 67-73.

[13] 刘思华. 生态文明与可持续发展问题的再探讨[J]. 东南学术, 2002(6): 60-66.

[14] 谢高地. 生态文明与中国生态文明建设[J]. 新视野, 2013(5): 25-28.

[15] Magdoff Fred. Harmony and Ecological Civilization: Beyond the Capitalist Alienation of Nature[J]. Monthly Review, 2012, 64(2): 1-9.

[16] Arran Gare. Toward an Ecological Civilization[J]. Process Studies, 2010, 39(1): 5-38.

[17] 李文华. 生态文明与绿色经济[J]. 环境保护, 2012(11): 12-15.

[18] 姬振海, 主编. 生态文明论[M]. 北京: 人民出版社, 2007.

[19] 陈瑞清. 建设社会主义生态文明, 实现可持续发展[J]. 北方经济, 2007(7): 4-5.

[20] 文传浩, 铁燕. 生态文明建设中几个理论问题的再认识[C].//第六届中国生态旅游发展论坛论文集. 2009: 206-214.

[21] 汪希. 中国特色社会主义生态文明建设的实践研究[D]. 成都: 电子科技大学, 2016.

[22] 左其亭. 水生态文明建设几个关键问题探讨[J]. 中国水利, 2013(4): 1-3, 6.

[23] 赵钟楠, 张越, 黄火键, 等. 基于问题导向的水生态文明概念与内涵[J]. 水资源保护, 2019, 35(3): 84-88.

[24] 马建华. 推进水生态文明建设的对策与思考[J]. 中国水利, 2013(10): 1-4.

[25] Sadler Barry. Sustainable Development and Water Resource Management[J]. Alternatives: Perspectives on Society and Environment, 1990(17): 14.

[26] Chirs S, Leila H, Radoslav D, et al.. Contested Waters: Conflict, Scale, and Sustainability in Aquatic Socioecological Systems[J]. Society and Natural Re-

sources, 2002, 15(8): 663-675.

[27] Hedelin Beatrice. Criteria for the Assessment of Sustainable Water Management [J]. Environmental Management, 2007, 39(2): 151-163.

[28] 麦思超. 长江经济带绿色发展水平的时空演变轨迹与影响因素研究[D]. 南昌: 江西财经大学, 2019.

[29] 杨伟民. 贯彻中央经济工作会议精神推动高质量发展[J]. 宏观经济管理, 2018(2): 13-17.

[30] 窦若愚. 绿色高质量发展评价指标体系构建与测度研究[D]. 北京: 中国社会科学院, 2020.

[31] 戴云菲. 可持续发展理论文献综述[J]. 商, 2016(13): 111.

[32] 曲格平, 著. 中国的环境与发展[M]. 北京: 中国环境科学出版社, 1992.

[33] 邹进泰, 熊维明, 等, 著. 绿色经济[M]. 太原: 山西经济出版社, 2003.

[34] 刘思华, 著. 生态文明与绿色低碳经济发展总论[M]. 北京: 中国财政经济出版社, 2011.

[35] 杨雪星. 中国绿色经济竞争力研究[D]. 福州: 福建师范大学, 2016.

[36] 徐建波. 我国低碳经济发展的金融支持问题研究[D]. 南京: 南京大学, 2014.

[37] 万伦来, 黄志斌. 绿色技术创新: 推动我国经济可持续发展的有效途径[J]. 生态经济, 2004(6): 29-31.

[38] Boulding Kenneth. The Economics of the Coming Spaceship Earth[C]. //Radical Political Economy: Explorations in Alternative Economic Analysis, 1996: 357-367.

[39] 解振华. 大力发展循环经济[J]. 求是, 2003(13): 53-55.

[40] 汤天滋. 主要发达国家发展循环经济经验述评[J]. 财经问题研究, 2005(2): 21-27.

[41] 左铁镛. 贯彻落实科学发展观 加快发展循环经济 构建资源循环型社会[C]. //中国科学技术协会2004年学术年会论文集. 海南: 中国科学技术协会, 2004: 56-68.

[42] 钱易. 循环经济与可持续发展[J]. 国土资源, 2005(2): 4-5.

[43] 诸大建. 在新发展观的平台上认识和发展循环经济[C]. //中国环境科学学会2004年学术年会论文集. 北京：中国环境科学出版社，2004：9-12.

[44] 任腾. 区域生态经济系统的效率评价研究[D]. 长沙：湖南大学，2015.

[45] 郭利锋. 山西省低碳经济发展水平及影响因素研究[D]. 太原：太原理工大学，2015.

[46] 贾林娟. 全球低碳经济发展与中国的路径选择[D]. 大连：东北财经大学，2014.

[47] 刘永红. 基于系统动力学的山西省低碳经济发展路径研究[D]. 太原：山西财经大学，2015.

[48] 徐建波. 我国低碳经济发展的金融支持问题研究[D]. 南京：南京大学，2014.

[49] 唐建荣, 主编. 生态经济学[M]. 北京：化学工业出版社，2005.

[50] 刘朝瑞. 县域生态经济发展研究[D]. 武汉：武汉理工大学，2008.

[51] 陈浩，付皓. 低碳经济的特性、本质及发展路径新论[J]. 福建论坛(人文社会科学版)，2013(5)：29-34.

[52] 邹碧海，主编. 安全学原理[M]. 成都：西南交通大学出版社，2019：287.

[53] 曾畅云，李贵宝，傅桦. 水环境安全及其指标体系研究——以北京市为例[J]. 南水北调与水利科技，2004，2(4)：31-35.

[54] 洪阳. 中国21世纪的水安全[J]. 环境保护，1999，(10)：29-31.

[55] 彭盛华，翁立达，赵俊琳. 汉水流域水环境安全管理对策探讨[J]. 长江流域资源与环境，2001，10(6)：530-536.

[56] 熊正为. 水资源污染与水安全问题探讨[J]. 地质勘探安全，2001，8(1)：41-44.

[57] 夏军，朱一中. 水资源安全的度量：水资源承载力的研究与挑战[J]. 自然资源学报，2002，17(3)：262-269.

[58] Malin Falkenmark. The Greatest Water Problem: The Inability to Link Environmental Security, Water Security and FoodSecurity[J]. International Journal of Water Resources Development, 2001, 17(4): 539-554.

[59] Catherine Sughrue. Human Factors Fostering Sustainable Safe Drinking Water

[D]. Newport：Salve Regina University，2007.

[60] 建设长江经济带为中国经济发展提供重要支撑[EB/OL]. 人民网，2014-4-29.

[61] 长江经济带是水污染防治工作的重中之重[EB/OL]. 人民网，2018-3-19.

[62] 靖学青，主编. 长江经济带产业协同与发展研究[M]. 上海：上海交通大学出版社，2016.

[63] 李欢. 长江经济带生态环境保护审计结果：污染治理存在问题[N]. 中国新闻网，2018-6-19.

[64] 吴传清，黄磊. 长江经济带绿色发展的难点与推进路径研究[J]. 南开学报（哲学社会科学版），2017（3）：50-61.

[65] Zofia Wysokińska. Transition To a Green Economy in the Context of Selected European and Global Requirements For Sustainable Development[J]. Comparative Economic Research，2013，16(4)：203-226.

[66] 谷树忠，谢美娥，张新华，著. 绿色转型发展[M]. 杭州：浙江大学出版社，2016.

[67] Katarzyna Tarnawska. Eco-innovations-Tools for the Transition to Green Economy[J]. Economics and Management，2014，18(4)：735-743.

[68] Abdoulmohammad Gholamzadeh Chofreh，Feybi Ariani Goni，Awaluddin Mohamed Shaharoun，et al.. Sustainable Enterprise Resource Planning：Imperatives and Research Directions[J]. Journal of Cleaner Production，2014(71)：139-147.

[69] Yong Jun Yow，Klemeš，Jirí Jaromír Varbanov，et al.. Cleaner Energy for Cleaner Production：Modelling, Simulation, Optimisation and Waste Management[J]. Journal of Cleaner Production，2016(111)：1-16.

[70] Cristea M, Dobrota C. Green Energy for Sustainable Development in Romania's Economy [J]. Revista de Chimie，2017，68(6)：1473-1478.

[71] Jonas Wurzel Rudiger，et al.. Climate Change, the Green Economy and Reimagining the City：the Case of Structurally Disadvantaged European Maritime Port Cities[J]. Erde，2017，148(4)：197-211.

[72] David Le Blanc. Special Issue on Green Economy and Sustainable Development

[J]. Natural Resources Forum, 2011, 35(3): 151-154.

[73] Christine Bauhardt. Solutions to the Crisis? The Green New Deal, Degrowth, and the Solidarity Economy: Alternatives to the Capitalist Growth Economy from an Ecofeminist Economics Perspective[J]. Ecological Economics, 2014(102): 60-68.

[74] Sylvia Lorek, Joachim H, Spangenberg. Sustainable Consumption within a Sustainable Economy-beyond Green Growth and Green Economies[J]. Journal of Cleaner Production, 2014(63): 33-44.

[75] Luis Mundaca, Anil Markandya. Assessing Regional Progress Towards a 'Green Energy Economy'[J]. Applied Energy, 2016, 179(C): 1372-1394.

[76] D'amato D, Droste N, Allen B, et al.. Green, Circular, Bio Economy: A Comparative Analysis of Sustainability Avenues[J]. Journal of Cleaner Production, 2017(168): 716-734.

[77] 宋晓华, 郭亦玮. 中国绿色低碳经济区域布局研究[M]. 北京: 煤炭工业出版社, 2011.

[78] 张洪梅, 编著. 绿色经济发展机制与政策[M]. 北京: 中国环境科学出版社, 2017.

[79] 李双荣, 郗永勤. 英国支持低碳技术创新实践对我国的启示[J]. 海峡科学, 2011(9): 56-57.

[80] 苗泽华, 彭靖, 苗泽伟. 德日美英等发达国家循环经济模式的比较研究与启示[J]. 石家庄经济学院学报, 2015(3): 38-43.

[81] Droste N, Hansjürgens B, Kuikman P, et al.. Steering Innovations towards a Green Economy: Understanding Government Intervention[J]. Journal of Cleaner Production, 2016(135): 426-434.

[82] 邬乐雅, 曾维华, 时京京, 等. 美国绿色经济转型的驱动因素及相关环保措施研究[J]. 生态经济(学术版), 2013(2): 153-157.

[83] 张亮. 促进我国经济发展绿色转型的政策优化设计[J]. 发展研究, 2012(4): 44-46.

[84] 杨宜勇, 吴香雪, 杨泽坤. 绿色发展的国际先进经验及其对中国的启示[J].

新疆师范大学学报(哲学社会科学版), 2017, 38(2): 18-24.

[85] 郑立. 美国的"绿色经济"计划及其启示[J]. 中国商界(上半月), 2009, (7): 52-53.

[86] Batabyal. A Global Green New Deal: Rethinking the Economic Recovery[J]. Choice Reviews Online, 2011, 48(6): 1133.

[87] 郑德凤, 臧正, 孙才志, 著. 可持续发展的绿色驱动与约束 基于水与生态系统视角的实证[M]. 北京: 经济科学出版社, 2015.

[88] Porter M. Green Competitiveness[N]. New York Times, 1991(4).

[89] [美]莱斯特·R. 布朗, 著. B模式4.0起来、拯救文明[M]. 上海: 上海科技教育出版社, 2010.

[90] Edward B. Building the Green Economy[J]. Canadian Public Policy, 2016(42): S1-S9.

[91] Jonathan M, Kaitlyn E. The Intersection of Green Chemistry and Steelcase's Path to Circular Economy[J]. Green Chemistry Letters and Reviews, 2017, 10(4): 331-335.

[92] 胡霞. 有害环境的补贴政策研究[D]. 杭州: 浙江大学, 2007.

[93] 王姝欣. 从排污费到环境保护税分析我国环境保护举措的演变[J]. 环境与发展, 2018, 30(1): 15, 17.

[94] 王欢欢. 从排污收费到排污权交易: 水流域污染物排放治理工具的比较与变革[J]. 福建建设科技, 2016(6): 86-87, 90.

[95] 蒋春华. 我国生活垃圾回收再利用环境押金制度的模式选择[J]. 中国软科学, 2016(z1): 1-7.

[96] 廖森泰. 日本发展绿色经济的启示[J]. 中国农村科技, 2009(1): 65-67.

[97] 严兵. 日本发展绿色经济经验及其对我国的启示[J]. 企业经济, 2010(6): 57-59.

[98] 董立延. 新世纪日本绿色经济发展战略——日本低碳政策与启示[J]. 自然辩证法研究, 2012, 28(11): 65-71.

[99] 细田卫士, 室田武. 循环型社会的制度与对策[M]. 日本: 岩波书店, 2003: 28.

参考文献

[100] 日本环境省. 亚细亚·太平洋地区 3R 论坛[EB/OL]. (2015-9-13). http://www.env.go.jp/recycle/3r/.

[101] 李岩. 日本循环经济研究[M]. 北京：经济科学出版社，2013.

[102] 伴金美. 经济模式对环境政策的影响评估[J]. 环境研究，2011(TN. 161)：135-140.

[103] 吕淑萍. 促进经济与环境协调发展的基本战略[J]. 上海环境科学，1996，(1)：1-4.

[104] 张嫚. 经济发展与环境保护的共生策略[J]. 财经问题研究，2001(5)：74-80.

[105] 朱德明，瞿为民. 经济增长方式根本性转变的环境政策效应分析[J]. 环境科学动态，1997(2)：1-4.

[106] 李敏，韦鹤平，张勤俭. 关于经济与环境协调发展的思考[J]. 中国人口·资源与环境，2000(S1).

[107] 余德辉. 市场经济下环境保护投资体制若干问题探讨[J]. 环境保护，2001(8)：36-38.

[108] 宋瑞祥. 我国环境保护市场化问题的思考[J]. 环境保护，1999，(8)：3-5.

[109] 曲格平. 论社会主义市场经济下的环境管理[J]. 中国人口·资源与环境，1999(3)：1-7.

[110] 简新华，于波. 可持续发展与产业结构优化[J]. 中国人口·资源与环境，2001，11(1)：30-33.

[111] 徐嵩龄. 世界环保产业发展透视[J]. 中国环保产业，1997，(3)：8-13.

[112] 王宏英. 论环保产业发展的驱动因素[J]. 经济师，1999(11).

[113] 张世秋，王仲成，安树民. 中国环保产业发展和理论研究的障碍分析[J]. 中国软科学，2000(12)：4-7.

[114] 刘思华. 科学发展观视域中的绿色发展[J]. 当代经济研究，2011(5)：65-70.

[115] 白瑞，秦书生. 论我国绿色发展思想的形成[J]. 理论月刊，2012(7)：106-109.

[116] 成思危. 转变经济发展方式，大力发展新能源，向低碳经济转型[J]. 城市

住宅, 2010, (1): 50-53.

[117] 刘思华, 方时姣. 绿色发展与绿色崛起的两大引擎——论生态文明创新经济的两个基本形态[J]. 经济纵横, 2012(7): 38-43..

[118] 邓舒仁. 低碳经济发展研究: 理论分析和政策选择[D]. 北京: 中共中央党校, 2012.

[119] 陆小成. 我国城市绿色转型的低碳创新系统模式探究[J]. 广东行政学院学报, 2013(2): 97-100.

[120] 张剑波. 低碳经济法律制度研究[D]. 重庆: 重庆大学, 2012.

[121] 马世忠. 循环经济指标体系与支撑体系研究[D]. 青岛: 中国海洋大学, 2006.

[122] 周生军. 促进循环经济发展的财税政策研究[D]. 大连: 东北财经大学, 2007.

[123] 牛文元. 经济: 生态文明与绿色发展[J]. 青海科技, 2012(4): 38-43.

[124] 李文华. 生态文明与绿色经济[J]. 环境保护, 2012(11): 11-15.

[125] 霍艳丽, 刘彤. 生态经济建设: 我国实现绿色发展的路径选择[J]. 企业经济, 2011(10): 63-66.

[126] 唐啸. 绿色经济理论最新发展述评[J]. 国外理论动态, 2014(1): 125-132.

[127] 胡岳岷, 刘甲库. 绿色发展转型: 文献检视与理论辨析[J]. 当代经济研究, 2013(6): 33-42.

[128] 孙鸿烈. 什么是绿色经济?[N]. 中国环境报, 2010-6-5.

[129] 陈健, 龚晓莺. 绿色经济: 内涵、特征、困境与突破——基于"一带一路"战略视角[J]. 青海社会科学, 2017(3): 19-23.

[130] 诸大建. 解读生态文明下的中国绿色经济[J]. 环境保护科学, 2015(5): 16-21.

[131] 周珂, 金铭. 生态文明视角下我国绿色经济的法制保障分析[J]. 环境保护, 2016, 44(11): 24-27.

[132] 国家税务总局税收科学研究所课题组, 龚辉文, 李平, 赖勤学, 张水. 构建绿色税收体系 促进绿色经济发展[J]. 国际税收, 2018(1): 13-17+2.

[133] 朱婧, 孙新章, 刘学敏, 等. 中国绿色经济战略研究[J]. 中国人口·资源与环境, 2012, 22(4): 7-12.

[134] 杨发庭. 绿色技术创新的制度研究[D]. 北京: 中共中央党校, 2014.

[135] 李晓西, 潘建成. 中国绿色发展指数研究[C]. //中国经济分析与展望(2010—2011), 2011.

[136] A Critical Appraisal of Gross National Product: The Measurement of Net National Welfare and Environmental Accounting: Impressions and Reflections in the Wake of Discussions Conducted during a Visit to the United States in May 1985[J]. Journal of Economic Issues, 1987, 21(1): 357-373.

[137] Repetto R. Accounting for Environmental Assets[J]. Scientific American, 1992, 266(6): 94.

[138] Brent Bleys. The Regional Index of Sustainable Economic Welfare for Flanders, Belgium[J]. Sustainability, 2013, 5(2): 496-523.

[139] Philip Lawn. A Theoretical Foundation to Support the Index of Sustainable Economic Welfare (ISEW), Genuine Progress Indicator (GPI), and Other Related Indexes[J]. Ecological Economics, 2003, 44(1): 105-118.

[140] Robert Smith. Development of the SEEA 2003 and Its Implementation[J]. Ecological Economics, 2006, 61(4): 592-599.

[141] Valeria Costantini, Massimiliano Mazzanti, Anna Montini. Environmental Performance, Innovation and Spillovers. Evidence from a Regional Namea[J]. Ecological Economics, 2013(89): 101-114.

[142] 黄思铭, 欧晓昆, 杨树华, 等, 编著. 可持续发展的评判[M]. 北京: 高等教育出版社; 施普林格出版社, 2001.

[143] 李天星. 国内外可持续发展指标体系研究进展[J]. 生态环境学报, 2013(6): 1085-1092.

[144] Susan L, Bryan J, Boruff W, et al.. Social Vulnerability to Environmental Hazards[J]. Social Science Quarterly, 2003, 84(2): 242-261.

[145] 2005 Environmental Sustainability Index: Benchmarking National Environmental Stewardship[R]. Yale Center for Environmental Law & Policy Yale University,

2005.

[146] James Boyd, Spencer Banzhaf. What are Ecosystem Services? The Need for Standardized Environmental Accounting Units[J]. Ecological Economics, 2007, 63(2): 616-626.

[147] Feinberg Phyllis. S&P Acquires Global Indexes of Citigroup[J]. Pensions and Investments, 2003, 31(25): 16.

[148] Ron Pernick, Clint Wilder. Clean Tech Revolution: The Next Big Growth and Investment Opportunity 2007[M]. Harper Business, 2007.

[149] 骆正山. 矿产资源可持续开发评价指标体系的研究[J]. 金属矿山, 2005(4): 1-3, 16.

[150] 苗韧, 周伏秋, 胡秀莲, 等. 中国能源可持续发展综合评价研究[J]. 中国软科学, 2013(4): 17-25.

[151] 罗攀, 朱红梅, 黄春来, 等. 县域土地资源可持续利用评价指标体系研究[J]. 湖南农业科学, 2010(10): 16-17, 20.

[152] 刘晓洁, 沈镭. 资源节约型社会综合评价指标体系研究[J]. 自然资源学报, 2006, 21(3): 382-391.

[153] 于成学, 葛仁东. 资源开发利用对地区绿色发展的影响研究——以辽宁省为例[J]. 中国人口·资源与环境, 2015, 25(6): 121-126.

[154] Ravallion M. Troubling Tradeoffs in the Human Development Index[J]. Journal of Development Economics, 2012, 99(2): 201-209.

[155] 周恭伟. 中国人类发展指标体系构建及各地人类发展水平比较研究[J]. 人口研究, 2011, 35(6): 78-89.

[156] Mario Biggeri, Vincenzo Mauro. Towards a More 'Sustainable' Human Development Index: Integrating the Environment and Freedom[J]. Ecological Indicators, 2018(91): 220-231.

[157] 李晓西, 刘一萌, 宋涛. 人类绿色发展指数的测算[J]. 中国社会科学, 2014(6): 69-95.

[158] 吴传清, 黄磊. 长江经济带工业绿色发展绩效评估及其协同效应研究[J]. 中国地质大学学报(社会科学版), 2018, 18(3): 46-55.

参考文献

[159] 马勇,黄智洵.长江中游城市群绿色发展指数测度及时空演变探析——基于GWR模型[J].生态环境学报,2017,26(5):794-807.

[160] 杨倩,胡锋,陈云华,张晓岚.基于水经济学理论的长江经济带绿色发展策略与建议[J].环境保护,2016,44(15):36-40.

[161] 中国社会科学院语言研究所词典室,编著.汉语成语大全(第3版)(双色本)[M].北京:商务印书馆国际有限公司,1996.

[162] 冯学钢,王琼英.中国旅游产业潜力评估模型及实证分析[J].中国管理科学,2009,17(4):178-184.

[163] 宋咏梅.区域旅游产业发展潜力测评及显化机制研究:以陕西为例[D].西安:陕西师范大学,2013.

[164] 孙素玲.区域体育产业潜力评价指标体系及实证研究[D].上海:上海体育学院,2016.

[165] 郝永利,欧阳朝斌,乔琦,等.污染物排放削减潜力评估方法——以中小型钢铁企业为例[J].环境污染与防治,2010,32(5):82-84,96.

[166] 赵静.我国东南沿海欠发达地区发展潜力指标体系及实证研究[D].厦门:厦门大学,2006.

[167] 丁建军,朱群惠.我国区域旅游产业发展潜力的时空差异研究[J].旅游学刊,2012,27(2):52-61.

[168] Jackson T. Blueprint For A Green Economy-PearceD[J]. Energy Policy, 1990, 18(1):119-121.

[169] Green Growth, Resources and Re-silience: Environmental Sustainability in Asia and the Pacific[R]. UNESCAP, 2010.

[170] Myungjun Jang, Soon-Tak Suh, Jin-Ah Kim. Development and Evaluation of Laws and Regulation for the Low-Carbon and Green Growth in Korea[J]. International Journal of Urban Sciences: Journal on Asian-Pacific Urban Studies and Affairs, 2010, 14(2):191-206.

[171] 中国社会科学院经济研究所,编著.现代经济辞典[M].南京:凤凰出版社,2005.

[172] 李琳,楚紫穗.我国区域产业绿色发展指数评价及动态比较[J].经济问题

探索, 2015(1): 68-75.

[173] Skea Jim. Blueprint 2: Greening the World Economy[J]. Energy Policy, 1992, 20(11): 1123-1124.

[174] The Group of Twenty Annual Meeting's Summit: Inclusive, Green and Sustainable Recovery[C]. London, 2009.

[175] 李东. 浅析水资源开发利用率与水电开发率[J]. 中国水能及电气化, 2010(5): 31-35.

[176] 郭永杰, 米文宝, 赵莹. 宁夏县域绿色发展水平空间分异及影响因素[J]. 经济地理, 2015, 35(3): 8, 45-51.

[177] 欧阳志云, 赵娟娟, 桂振华, 等. 中国城市的绿色发展评价[J]. 中国人口·资源与环境, 2009, 19(5): 11-15.

[178] 马勇, 黄智洵. 长江中游城市群绿色发展指数测度及时空演变探析——基于GWR模型[J]. 生态环境学报, 2017, 26(5): 794-807.

[179] Olson D. Comparison of Weights in TOPSIS Models[J]. Mathematical and Computer Modelling, 2004(40): 721-727.

[180] Joe Zhu. Data Envelopment Analysis vs Principal Component Analysis: An Illustrative Study of Economic Performance of Chinese Cities[J]. European Journal of Operational Research, 1998, 111(1): 50-61.

[181] Sung Jong Kim. Productivity of Cities[M]. Oxfordshire: Taylor and Francis, 2019: 49-53.

[182] 陈国宏, 李美娟. 基于方法集的综合评价方法集化研究[J]. 中国管理科学, 2004, 12(1): 101-105.

[183] Heshmati. An Empirical Survey of the Ramifications of a Green Economy[J]. International Journal of Green Economics, 2018, 12(1): 53-85.

[184] 刘岩岩. 基于突变理论的吉林省辽河流域生态安全研究[D]. 长春: 吉林大学, 2015.

[185] 刘征. 区域矿产资源安全分析方法及安全信息管理系统研究[D]. 长沙: 中南大学, 2011.

[186] 马文红. 干旱区生态环境演变的人口因素分析——以塔里木河流域为

例[D]. 北京: 中国科学院, 2007.

[187] Walz. Development of Environmental Indicator Systems: Experiences from Germany[J]. Environmental Management, 2000, 25(6): 613-623.

[188] 郑华伟, 张锐, 孟展, 等. 基于PSR模型与集对分析的耕地生态安全诊断[J]. 中国土地科学, 2015(12): 42-50.

[189] 高波. 基于DPSIR模型的陕西水资源可持续利用评价研究[D]. 西安: 西北工业大学, 2007.

[190] 徐琳瑜, 康鹏, 刘仁志. 基于突变理论的工业园区环境承载力动态评价方法[J]. 中国环境科学, 2013, 33(6): 1127-1136.

[191] 周绍江. 突变理论在环境影响评价中的应用[J]. 人民长江, 2003, 34(2): 52-54.

[192] 李琳. 基于PSR模型的镇江市水环境安全评价研究[D]. 镇江: 江苏大学, 2010.

[193] Qiang Huang, Wei Ping Wang, Hai Yan Deng. Agricultural Restructuring Based on the Water Resources Carrying Capacity in Shandong Province, China[J]. Applied Mechanics and Materials, 2014(675-677): 783-786.

[194] 任俊霖, 李浩, 伍新木, 等. 基于主成分分析法的长江经济带省会城市水生态文明评价[J]. 长江流域资源与环境, 2016, 25(10): 1537-1544.

[195] 段春青, 刘昌明, 陈晓楠, 等. 区域水资源承载力概念及研究方法的探讨[J]. 地理学报, 2010, 65(1): 82-90.

[196] 钟世坚. 珠海市水资源承载力与人口均衡发展分析[J]. 人口学刊, 2013(2): 15-19.

[197] 何刚, 夏业领, 秦勇, 等. 长江经济带水资源承载力评价及时空动态变化[J]. 水土保持研究, 2019, 26(1): 287-292, 300.

[198] 曾浩, 张中旺, 孙小舟, 等. 湖北汉江流域水资源承载力研究[J]. 南水北调与水利科技, 2013, 11(4): 22-25, 30.

[199] 刘民士, 刘晓双, 侯兰功. 基于水足迹理论的安徽省水资源评价[J]. 长江流域资源与环境, 2014, 23(2): 220-224.

[200] 黄秋香, 冯利华, 卜鹏, 等. 浙江省水资源承载力的主成分分析[J]. 科技

通报,2016,32(2):44-48.

[201] 赵宏臻,盖永伟,陈成.基于主成分分析的江苏省水资源承载力评价分析[J].科技信息,2014(12):89-90,92.

[202] 崔远来,董斌,李远华.水分生产率指标随空间尺度变化规律[J].水利学报,2006,37(1):45-51.

[203] 郑捷,李光永,韩振中.中美主要农作物灌溉水分生产率分析[J].农业工程学报,2008,24(11):46-50.

[204] 李全起,沈加印,赵丹丹.灌溉频率对冬小麦产量及叶片水分利用效率的影响[J].农业工程学报,2011,27(3):33-36.

[205] 操信春,吴普特,王玉宝,等.中国灌区水分生产率及其时空差异分析[J].农业工程学报,2012,28(13):1-7.

[206] 山仑,邓西平,康绍忠.我国半干旱地区农业用水现状及发展方向[J].水利学报,2002(9):27-31.

[207] 陈绍金.南方地区农业用水效率分析[J].人民长江,2004,35(1):46-48.

[208] 杨丽英,许新宜,贾香香.水资源效率评价指标体系探讨[J].北京师范大学学报(自然科学版),2009,45(5):642-646.

[209] 刘学智,李王成,赵自阳,等.基于投影寻踪的宁夏农业水资源利用率评价[J].节水灌溉,2017(11):46-51,55.

[210] 高媛媛,许新宜,王红瑞,等.中国水资源利用效率评估模型构建及应用[J].系统工程理论与实践,2013,33(3):776-784.

[211] 裴志涛,何俊仕.基于BP神经网络的水资源利用效率评价方法研究[J].中国农村水利水电,2013(5):30-32.

[212] 户艳领,陈志国,刘振国.基于熵值法的河北省农业用水利用效率研究[J].中国农业资源与区划,2015,36(3):136-142.

[213] Farrell J. The Measurement of Productive Efficiency[J]. Journal of the Royal Statistical Society. Series A (General),1957,120(3):253-281.

[214] Luiz Moutinho, Bruce Currie. Stochastic Frontier Analysis[J]. European Management Journal,2004,22(5):607-608.

[215] 尹庆民,邓益斌,郑慧祥子.要素市场扭曲下我国水资源利用效率提升空

间测度[J]. 干旱区资源与环境, 2016, 30(11): 92-97.

[216] 谭雪, 石磊, 王学军, 等. 新丝绸之路经济带水效率评估与差异研究[J]. 干旱区资源与环境, 2016, 30(1): 1-6.

[217] 王洁萍, 刘国勇, 朱美玲. 新疆农业水资源利用效率测度及其影响因素分析[J]. 节水灌溉, 2016(1): 63-67.

[218] 张凤泽, 宋敏, 邓益斌. 新型城镇化视角下的江苏省水资源利用效率研究[J]. 水利经济, 2016, 34(5): 14-17.

[219] 马海良, 黄德春, 张继国. 考虑非合意产出的水资源利用效率及影响因素研究[J]. 中国人口·资源与环境, 2012, 22(10): 35-42.

[220] 买亚宗, 孙福丽, 石磊, 等. 基于DEA的中国工业水资源利用效率评价研究[J]. 干旱区资源与环境, 2014, 28(11): 42-47.

[221] 盖美, 吴慧歌, 曲本亮. 新一轮东北振兴背景下的辽宁省水资源利用效率及其空间关联格局研究[J]. 资源科学, 2016, 38(7): 1336-1349.

[222] 丁绪辉, 贺菊花, 王柳元. 考虑非合意产出的省际水资源利用效率及驱动因素研究——基于SE-SBM与Tobit模型的考察[J]. 中国人口·资源与环境, 2018, 28(1): 157-164.

[223] 王有森, 许皓, 卞亦文. 工业用水系统效率评价: 考虑污染物可处理特性的两阶段DEA[J]. 中国管理科学, 2016, 24(3): 169-176.

[224] 韩琴, 孙才志, 邹玮. 1998—2012年中国省际灰水足迹效率测度与驱动模式分析[J]. 资源科学, 2016, 38(6): 1179-1191.

[225] 孙才志, 郜晓雯, 赵良仕. "四化"对中国水资源绿色效率的驱动效应研究[J]. 中国地质大学学报(社会科学版), 2018, 18(1): 57-67.

[226] 赵良仕, 孙才志, 郑德凤. 中国省际水资源利用效率与空间溢出效应测度[J]. 地理学报, 2014, 69(1): 121-133.

[227] 于法稳, 李来胜. 西部地区农业资源利用的效率分析及政策建议[J]. 中国人口·资源与环境, 2005(6): 35-39.

[228] 刘渝, 杜江, 张俊飚. 湖北省农业水资源利用效率评价[J]. 中国人口·资源与环境, 2007, 17(6): 60-65.

[229] Jin-Li Hu, Shih-Chuan Wang, Fang-Yu Yeh. Total-factor Water Efficiency of

Regions in China[J]. Resources Policy, 2007, 31(4): 217-230.

[230] 谢媛. 政策评估模式及其应用[D]. 厦门：厦门大学, 2001.

[231] 杜文静, 葛新斌. 西方教育政策评估模式的演进及其启示[J]. 清华大学教育研究, 2017, 38(2): 90-94.

[232] 李瑛, 康德颜, 齐二石. 政策评估的利益相关者模式及其应用研究[J]. 科研管理, 2006, 27(2): 51-56.

[233] 王雪梅, 雷家骕. 政策评估模式的选择标准与现存问题述评[J]. 科学学研究, 2008, 26(5): 1000-1005.

[234] 周建国. 公共政策评估多元模式的困境及其解决的哲学思考[J]. 中国行政管理, 2012(2): 41-44.

[235] Costs and Benefits of the 1990 Clean Air Act Amendments, From 1990 to 2020[J]. Air Pollution Consultant, 2011, 21(4): 1-5.

[236] European Commission. Assessing the Costs and Benefits of Regulation [R]. 2013.

[237] 王军锋, 关丽斯, 董战峰. 日本环境政策评估的体系化建设与实践[J]. 现代日本经济, 2016(4): 60-69.

[238] 日本环境省政策评价公关科. 环境省政策评估基本计划[EB/OL]. (2011-4-1). http://www.soumu.go.jp/index.html.

[239] 宋国君, 金书秦. 淮河流域水环境保护政策评估[J]. 环境污染与防治, 2008, 30(4): 78-82.

[240] 雷仲敏, 周广燕, 邱立新. 基于费-效分析框架的国家节能减排政策绩效评价研究——以山东省为例[J]. 区域经济评论, 2013(4): 86-93.

[241] 周莹. 广东省海洋环境政策绩效评价研究[D]. 湛江：广东海洋大学, 2014.

[242] 赵娓. 北京清洁空气计划评估研究[D]. 石家庄：河北师范大学, 2015.

[243] 蔡守秋, 主编. 环境政策学[M]. 北京：科学出版社, 2009.

[244] 马国贤, 任晓辉, 编著. 政府绩效管理丛书：公共政策分析与评估[M]. 上海：复旦大学出版社, 2012.

[245] 黄维民, 冯振东, 编著. 公共政策研究导论[M]. 西安：陕西人民出版社,

2009.

[246] 李德国, 蔡晶晶. 西方政策评估: 范式演进和指标构建[J]. 科技管理研究, 2006(8): 246-249.

[247] 于娟. 环境政策评估的理论与方法研究[D]. 甘肃: 兰州大学, 2008.

[248] 李德国, 蔡晶晶. 西方政策评估技术与方法浅析[J]. 科学学与科学技术管理, 2006, 27(4): 65-69.

[249] 董战峰, 葛察忠, 高玲, 等. 国际环境政策评估方法研究最新进展[C]. //中国环境科学学会环境经济学分会 2012 年年会论文集. 2012: 297-310.

[250] 梁平, 编著. 政策科学与中国公共政策[M]. 重庆: 重庆大学出版社, 2009.

[251] 陈玉龙. 公共政策评估的演进: 步入多元主义[J]. 青海社会科学, 2017(4): 68-74.

[252] 罗柳红, 张征. 关于环境政策评估的若干思考[J]. 北京林业大学学报(社会科学版), 2010, 9(1): 123-126.

[253] 王金南. 为什么要对环境政策进行评估?[N]. 中国环境报, 2007-11-14.

[254] 王军锋, 邱野, 关丽斯, 等. 中国环境政策与社会经济影响评估——评估内容与评估框架的思考[J]. 未来与发展, 2017, 41(2): 1-8.

[255] 陈郑洁. 国际环境问题中的外部效应[C]. //中国环境资源法学研究会第一次会员代表大会暨中国环境资源法学研究会 2012 年年会论文集. 2012: 517-520.

[256] 黄国庆, 王明绪, 王国良. 效能评估中的改进熵值法赋权研究[J]. 计算机工程与应用, 2012, 48(28): 245-248.